科研财务助理实用培训教程（医科版）

主　编　余伟平

副主编　谢新敏　罗立飞　张志宏

10%

30%

60%

中山大学出版社
SUN YAT-SEN UNIVERSITY PRESS

·广州·

图书在版编目（CIP）数据

科研财务助理实用培训教程：医科版/余伟平主编；
谢新敏，罗立飞，张志宏副主编. --广州：中山大学
出版社，2024.12. -- ISBN 978-7-306-08137-7

Ⅰ. G322

中国国家版本馆 CIP 数据核字第 2024F6J105 号

KEYAN CAIWU ZHULI SHIYONG PEIXUN JIAOCHENG（YIKE BAN）

出 版 人：王天琪
策划编辑：高惠贞　姜星宇
责任编辑：姜星宇
封面设计：曾　婷
责任校对：廖翠舒
责任技编：靳晓虹
出版发行：中山大学出版社
电　　话：编辑部 020 - 84110776，84113349，84111997，84110779
　　　　　　发行部 020 - 84111998，84111981，84111160
地　　址：广州市新港西路 135 号
邮　　编：510275　　**传　　真：**020 - 84036565
网　　址：http://www.zsup.com.cn　E-mail：zdcbs@mail.sysu.edu.cn
印 刷 者：广州方迪数字印刷有限公司
规　　格：787mm×1092mm　1/16　14.25 印张　253 千字
版次印次：2024 年 12 月第 1 版　2024 年 12 月第 1 次印刷
定　　价：48.00 元

序　言

党的十八大以来，在习近平新时代中国特色社会主义思想引领下，党中央对于科技创新以及高水平科技自立自强作出了一系列战略部署，为科学事业高质量发展把舵领航。广大科技人员心怀"国之大者"，踔厉奋发，战略性、原创性重大科研成果喷涌而出，一些关键核心技术取得突破，在为实现国家崛起、增进人民福祉等方面，作出了历史性贡献。

尽管如此，我们也要看到，我国科研管理体制的局部节点还存在诸如改革措施落实不到位、制度有待完善、流程繁复等问题。为此，国家相关部委进一步简政放权，理顺体制，实施以信任为前提的"放管服"政策保障，切实为科研人员减负，打造有利于潜心科学研究的政策环境和社会氛围，构建更加务实高效的科研管理体系。

据了解，国家在相关政策文件中已多次要求建立和健全科研财务助理制度。我认为在科研项目组内设置财务助理，是在科研领域落实"放管服"政策的重要举措，很有必要。以笔者所在的医院为例，很多医务人员都是在繁重的临床工作之余开展科学研究，那么，如何帮助他们将宝贵的时间、有限的精力集中在科研工作上？这就需要助理人员把事务性工作处理好。在我的团队内，虽已配置了多名助理人员，但是要将他们培养成为既熟悉科研工作又懂得财务规范的多面手，专业培训必不可少。

余伟平等几位同志长期在医院从事财务及科研相关工作，熟悉科研经费的政策法规，了解工作流程和要求，知晓科研人员在办理业务时的堵点、痛点；他们知道科研助理需要学习什么、掌握什么、注意什么；他们在工作中以问题为导向，不断改进服务，为科研人员排忧解难，广受好评，并在连续多年的科研助理培训中积累了丰富经验。他们编写的这本实用教程，正是这种服务理念的体现。我阅览了全书，觉得这部教程有三个鲜明特点：

一是实用性强。全书以介绍我国医科的科研体系概况、科研工作流程以及相关的财务业务为切入点，由浅入深地讲授基础知识，同时结合工作中易错易漏的注意事项，提供近乎手把手式的指导，读起来易学、易懂、易记，便于新手学习。科研助理人员系统学习本教程，对于提高工作能力和效率，更好地服务科研团队，是大有裨益的。

二是内容翔实。全书几乎涵盖了科研财务助理履职所需要的全部知识和技能。本教程既有全面的基础知识，又有丰富的拓展进阶知识，甚至还为读者打"预防针"，再三告诫科研助理要"知规矩、守底线、远红线"，很有针对性和必要性。教程最后的附录，提供了更多实用的材料，包括政策法规、制度等。翔实的内容，为有志于专业提升者指引了方向。

三是亲和友好。本书的编者完全在"沉浸式"的语境下，用通俗易懂的语言讲解概念，以流程图直观展示要领，字里行间充分体现了对科研助理人员的期许，希望科研助理人员精研细读，为我国医科科研事业的高质量发展做好保障服务。

综上，本教程除可供在职科研助理人员或有志于从事科研财务助理工作的在校学生用作培训教材以外，亦可作为医科院校的职能部门组织业务培训的参考书，甚至纪检部门在开展科研人员警示教育工作时，同样能从本教程中找到可资借鉴的素材。

感谢几位编者为广大科研人员殷勤服务的初心和热忱，作为本教程最早的读者之一，我十分乐意写下自己的一点读后感。

是为序。

中国医学科学院学部委员、中山大学附属肿瘤医院院长、华南恶性肿瘤防治全国重点实验室主任、中国临床肿瘤学会理事长、中国抗癌协会副理事长、*Cancer Communications* 主编。

编者的话

近年来，国家"放管服"政策出台后，各相关部委及政府职能部门都陆续出台了一些助推科研政策落地的措施，进一步理顺了科研管理体制和机制，优化了资源配置和管理流程，大大提高了科研工作的质量和效率，推动了国家科学事业的高质量发展。

本教程的几位编者长期在高校附属医院的财务和科研部门工作，关注到科技主管部门在落实"放管服"政策时，多次呼吁和强调建立健全科研财务助理制度。及至近年，有些基金项目或课题在申报公告中甚至已要求在课题组内配置相对固定的科研财务助理。同时，我们在日常的科研与财务的管理及服务工作中亦深有同感：由于课题负责人对科研财务管理工作的具体要求不了解，对科研和财务的政策法规、制度缺乏深入的认识，课题助理对财务报账相关事项不熟悉，经常发生办事不畅、多次往返奔波、提交的资料多次被退回修改或反复补充材料等情况，甚至发生诸如经费使用不规范、课题财务验收未获通过等不良事件，不但影响工作效率和质量，也影响科研课题的顺利结题，甚至可能影响单位的声誉。再者，由于科研助理人员（包含课题负责人带教的学生）的流动性较大，不断培训科研助理需要耗费职能部门大量的精力和时间，这增加了管理成本。

2022年6月29日发布的《科技部等七部门关于做好科研助理岗位开发和落实工作的通知》（国科发区〔2022〕185号）中明确指出："科研助理岗位是科研队伍的重要组成部分，是完善科研治理体系、提升科技创新治理能力的重要抓手。鼓励各类创新主体开发科研助理岗位吸纳高校毕业生就业，既是促进就业的有力手段，也是深化科技管理改革、构建与科技计划相适应的专业化支撑队伍的重要举措，更是提升高校、科研院所、企业创新能力的有效途径，对推进科技创新支撑引领现代化经济体系建设和高质量发展具有重大意义。"由此可见，科研财务助理岗位已经关系到完善科研治理体系，提升科技创新治理能力，稳定就业，推进科技创新支撑引领现代化经济体系建设和高质量发展的层面，其重要性可见一斑。

于是我们萌生了这样一个想法：能不能编撰一本内容同时涵盖科研知识和财务常识的教材，结合我们多年以来在科研经费管理工作中积累的经验教训，专门用于科研财务助理的系统化培训，让专业的人干专业的事，让得力助手将科学家从烦琐的事务性工作中解放出来，从大量的财务账单和表格中解脱出来，甚至更进一步，为将来科研财务助理的专业认证、考核和评价等作出有益探索？经过多方调研，答案是肯定的。于是，我们几位编者便决定以日常工作中发现的各类问题为导向，以解决科研管理与财务服务问题的措施为线索，开始本书的编撰工作。在编撰本书的过程中，我们一直怀着这样的初心和梦想：希望通过最通俗易懂的语言、最实用的专业技能和最切合管理要求的鲜活案例，努力让读者通过系统化的学习，从"新手"变成"老手"，"老手"变成"高手"，"高手"成为"名手"，最后从"名手"进阶为科学家身边不可或缺的得力助手。我们热切期望，无论是已在科研团队接触财务助理工作的同志，还是应届毕业刚刚开始接触科研工作的"小白"，通过对本教程的系统学习，均能够快速练成"十八般武艺"，在科研财务助理岗位上如鱼得水，得心应手，成为科学家身边德才兼备的好助手。

本教程一共十一章，具体章节编写情况如下：余伟平同志负责编写第一章的主要部分、第七章、第十章、第十一章第二节；张志宏同志负责编写第三章（其中第三节由张志宏与谢新敏共同撰写）、第十一章第一节；罗立飞同志负责编写第四章（其中第五、第六节分别由谢新敏和余伟平撰写）、第六章和第九章；谢新敏同志负责编写第八章和第十一章第三节。其他章节的联合编写情况：第一章第二、第三节由余伟平、张志宏、谢新敏联合编写；第二章由余伟平和张志宏联合编写；第五章由张志宏和谢新敏联合编写。余伟平负责拟定全书的目录大纲和总撰稿工作。

在本书即将付梓之际，衷心感谢编者所在单位领导的大力支持和指导，衷心感谢广州金鹏律师事务所薛红律师，编者所在单位陈妙玲、欧晓芳、庞雨佳、张辉等老师的热心指导和帮助，在此顺致谢意！

由于时间仓促，加之编者水平有限、经验不足，错漏在所难免，恳请广大读者不吝赐教，给予批评指正！

编　者

2024 年 12 月于广州

目　录

上编　基础知识——政策、制度、概念与原理

下编　拓展知识——从新手到高手

上 编

基础知识——政策、制度、概念与原理

第一章
设置科研财务助理的依据和重要意义

学习指引

　　本章主要介绍推动设置科研财务助理的时代背景及相关政策依据，为科研财务助理这个工作岗位和群体寻根溯源，寻找"出生证"，进而阐述设置科研财务助理的意义，并就科研财务助理应承担的工作职责、应具备的工作技能等作详细阐释。

第一节　催生科研财务助理的时代背景及政策依据

　　习近平总书记在党的二十大报告中指出："必须坚持科技是第一生产力、人才是第一资源、创新是第一动力。"这三者联系紧密，相辅相成，都是推动国家经济社会发展的重要动力源泉，其中科技创新更是驱动我们国家在新时代各项事业实现"弯道超车"的重要法宝。

　　党和国家历来高度重视科技事业的发展，重视创新驱动赋能。新中国成立以来，尤其是改革开放40多年来，科技事业快速发展，取得了历史性成就，为国民经济和国家各项事业的高质量发展注入了强大动力，涌现出一大批在国际上有竞争力和影响力的创新性科研成果。"十三五"以来我国科技实力和创新能力大幅提升，实现了历史性、整体性、格局性变化。世界知识产权组织发布的"2024年全球创新指数"显示，我国排名从2015年的第29位跃居到2024年的第11位。与此同时，作为重要支撑的科技投入快速增长，据国家统计局2024年2月29日发布的《2023年国民经济和社会发展统计公报》：全年研究与试验发展（R&D）经费支出 33 278 亿元，比上年增长 8.1%，比 2019 年增长 51%，与国内生产总值之比为 2.64%，其中基础研究经费 2 212 亿元，比上年增长 9.3%，占 R&D 经费支出比重为 6.65%。我国科研项目和资金管理制度也不断完善优化，为科技事业发展提供了有力保障。

党的十八大以来，为了积极应对复杂多变的国际形势，以习近平同志为核心的党中央高瞻远瞩，对科技创新作出一系列战略部署，为我国科技事业的发展把舵领航。在开启全面建设社会主义现代化国家新征程的关键时期，党中央统筹国内国际两个大局，在党的十九届五中全会上提出"把科技自立自强作为国家发展的战略支撑"，既强调立足当前的现实性、紧迫性，也体现着眼长远的前瞻性、战略性，为我国科技事业未来一个时期的发展指明了前进方向，提供了根本遵循。

但是，我们也必须看到，目前的科技管理体制仍然存在项目安排分散重复、管理不够科学透明、资金使用效益亟待提高、一些改革措施落实不到位、科研项目资金管理不够完善、科研项目管理流程烦琐等突出问题，这不利于营造大众创业、万众创新的政策环境和制度环境，不利于构建更加高效的科研体系，必须切实加以解决。

为此，中共中央办公厅、国务院办公厅印发《关于进一步完善中央财政科研项目资金管理等政策的若干意见》（中办发〔2016〕50 号）要求：

按照党中央、国务院决策部署，牢固树立和贯彻落实创新、协调、绿色、开放、共享的发展理念，深入实施创新驱动发展战略，促进大众创业、万众创新，进一步推进简政放权、放管结合、优化服务，改革和创新科研经费使用和管理方式，促进形成充满活力的科技管理和运行机制，以深化改革更好激发广大科研人员积极性。

——坚持以人为本。以调动科研人员积极性和创造性为出发点和落脚点，强化激励机制，加大激励力度，激发创新创造活力。

——坚持遵循规律。按照科研活动规律和财政预算管理要求，完善管理政策，优化管理流程，改进管理方式，适应科研活动实际需要。

——坚持"放管服"结合。进一步简政放权、放管结合、优化服务，扩大高校、科研院所在科研项目资金、差旅会议、基本建设、科研仪器设备采购等方面的管理权限，为科研人员潜心研究营造良好环境。同时，加强事中事后监管，严肃查处违法违纪问题。

——坚持政策落实落地。细化实化政策规定，加强督查，狠抓落实，打通政策执行中的"堵点"，增强科研人员改革的成就感和获得感。

……………

并在"规范管理，改进服务"下的第（三）点明确提出：

创新服务方式，让科研人员潜心从事科学研究。项目承担单位要建立健全科研财务助理制度，为科研人员在项目预算编制和调剂、经费支出、财务决算和验收等方面提供专业化服务，科研财务助理所需费用可由项目承担单位根据情况通过科研项目资金等渠道解决。

这是在国家层面颁发的文件中首次提倡建立健全科研财务助理制度，为今后在科研管理工作中进一步落实"放管服"政策指明了方向。

为了贯彻落实党中央、国务院关于推进科技领域"放管服"改革的要求，建立完善以信任为前提的科研管理机制，按照能放尽放的要求赋予科研人员更大的人、财、物自主支配权，减轻科研人员负担，充分释放创新活力，调动科研人员积极性，激励科研人员敬业报国、潜心研究、攻坚克难，大力提升原始创新能力和关键领域核心技术攻关能力，多出高水平成果，壮大经济发展新动能，为实现经济高质量发展、建设世界科技强国作出更大贡献，两年后，国务院出台了《关于优化科研管理提升科研绩效若干措施的通知》（国发〔2018〕25号），重申："项目管理专业机构和承担单位要简化报表及流程，加快建立健全学术助理和财务助理制度，允许通过购买财会等专业服务，把科研人员从报表、报销等具体事务中解脱出来。"

随着鼓励科技自主创新政策的陆续出台，以及"高水平科技自立自强"成为国家发展战略，原有的科研管理体制机制难以适应新形势、新要求，在科研经费管理方面仍然存在政策落实不到位、项目经费管理刚性偏大、经费拨付机制不完善、间接费用比例偏低、经费报销难等问题，还需要进一步加大改革的力度。为有效解决这些问题，更好地贯彻落实党中央、国务院决策部署，进一步激励科研人员多出高质量科技成果，为实现高水平科技自立自强作出更大贡献，2021年8月国务院办公厅第二次发文《关于改革完善中央财政科研经费管理的若干意见》（国办发〔2021〕32号），就改革完善中央财政科研经费管理提出专门意见，其中第四点"减轻科研人员事务性负担"

更进一步明确指出：

全面落实科研财务助理制度。项目承担单位要确保每个项目配有相对固定的科研财务助理，为科研人员在预算编制、经费报销等方面提供专业化服务。科研财务助理所需人力成本费用（含社会保险补助、住房公积金），可由项目承担单位根据情况通过科研项目经费等渠道统筹解决。

上述三个文件关联性强，可谓一脉相承，从首次提倡建立科研财务助理制度，到加快建立健全科研财务助理制度，再到全面落实科研财务助理制度，并明确了财务助理人力成本的统筹解决渠道等细节。寻根溯源，一个为广大科研人员提供经费管理专业化服务、为科研人员减负的新职业、新岗位——科研财务助理就此应运而生！

2022 年 6 月 29 日，《科技部等七部门关于做好科研助理岗位开发和落实工作的通知》（国科发区〔2022〕185 号）发布，要求各部属高校、中央院所、中央企业等单位深入贯彻习近平总书记关于高校毕业生就业工作的重要指示批示精神，落实党中央、国务院有关任务部署和《国务院办公厅关于进一步做好高校毕业生等青年就业创业工作的通知》（国办发〔2022〕13 号）要求，加大科研助理岗位开发的力度，最大限度吸纳高校毕业生就业。通知号召以习近平新时代中国特色社会主义思想为指导，进一步提高政治站位，落实"三新一高"要求，切实增强"时时放心不下"的责任感、使命感、紧迫感，担当作为、攻坚克难，以钉钉子精神贯彻落实好党中央、国务院关于"稳就业""保就业"决策部署。

可见，各有关单位开发科研助理岗位、落实健全科研助理制度，不仅是完善科研治理体系、提升科技创新治理能力的重要抓手，也是深化科技管理改革、构建与科技计划相适应的专业化支撑队伍的重要举措，更是提升高校、科研院所、企业创新能力的有效途径，对推进科技创新支撑引领现代化经济体系建设和高质量发展具有重大现实意义。

第二节　科研财务助理的主要工作职责

科研助理是指从事各类科研项目辅助研究、实验（工程）设施运行维护和实验技术、科技成果转移转化的学术助理、财务助理以及博士后等工作的人员，是科研队伍的重要组成部分。

科研财务助理是联通科研团队和财务部门的纽带与桥梁，概括起来，财务助理的工作职责通常有以下几项：

（1）认真学习并贯彻执行国家、省市的各项科研政策和财经法律法规，熟悉单位的科研经费管理制度，及时了解政策动态，积极向科研人员宣传法律法规和财务制度，解答财务问题，不断增强科研人员的规矩意识、守法意识。

（2）协助项目负责人按照国家有关财经法律法规和科研经费管理制度，科学、合理、规范地编制科研项目预算和编报项目决算；按照批复预算和合同任务书合规使用经费，确保经费执行进度。

（3）负责科研项目经费使用的全过程（包括项目预算编制和调剂、资金上账、经费支出报销、财务决算和验收、结余经费等）的管理与专业化服务。

（4）协助项目负责人按照单位的要求和规范的流程，开展科研物资和设备的采购工作，以及实物资产的日常管理。

（5）负责定期分析项目经费管理情况和预算执行进度，对执行进度不达序时要求的，要重点关注和预警，及时向项目负责人报告并查找原因，采取措施。

（6）协助项目负责人完成专利权申报和科技成果转化等工作，有效维护和保障科研团队的合法权益。

（7）积极配合科研管理、财务、审计、纪检监察等部门或机构，对科研项目执行、科研经费使用和管理情况等进行检查监督。

（8）科研财务助理对所承担的科研任务负有保密义务，具体要求按有关保密规定执行。

（9）做好科研项目财务及资产档案的收集整理、归档保管工作。

（10）完成科研项目负责人指定的其他工作任务。

第三节　科研财务助理应具备的基本素质与工作能力

从科研财务助理所要承担的十项工作职责可以看出，这个岗位的工作任务就是：为保障科研人员潜心科学研究营造良好环境，减少他们的事务性工作，为科研人员提供优质、高效的专业化服务。在日常工作中，科研财务助理要高效率地完成自己的各项工作，必须至少具备五种基本素质与工作能力。

1. 具备一定的财务专业知识和熟悉各项科研管理政策

国家关于设立科研财务助理的相关文件已明确了其工作职责主要为"为科研人员在项目预算编制和调剂、经费支出、财务决算和验收等方面提供专业化服务"，这一职责的提出，已经让科研财务助理从较为单一的财务"报账员"岗位转变为集项目过程管理、预算、报销及结题业务办理等职能于一体的综合科研辅助岗位。这势必对科研财务助理的财务业务素质提出了更高的要求：不但要求熟悉财务专业相关知识，而且还需随着单位财务制度等的变化而学习更新。此外，科研财务助理还需与时俱进，持续关注和学习不断更新的国家、省、市及单位的科研管理相关政策与制度，协助项目负责人推动科研任务的开展直至完成结题，合规使用科研经费。

2. 熟悉单位科研经费管理系统和财务信息系统，熟练操作常用的办公软件，并掌握一定的网络常识

目前世界已进入到人工智能时代，财务和秘书工作都离不开电脑和信息网络技术。财务助理须熟悉本单位的科研经费管理系统和财务信息系统的操作，能正确查阅项目经费立项信息、经费的收支情况等，在系统中能正确填写资金上账、预算调整申请单及各类报销单等。

同时，财务助理应熟练掌握 Excel、Word、PPT、PDF、思维导图等办公软件的操作，这些办公软件是我们开展日常工作必不可少的工具，熟练使用它们能够让我们的工作事半功倍。其中，Excel 具有强大的数据整理、统计和加工分析的功能，主要应用于课题经费的相关数据处理和分析；Word 或 WPS 具有强大的文字书写和编辑功能，主要应用于结题报告、说明等工作文档的编辑。此外，也需要掌握 PPT 的制作，它是我们汇报工作、展示科研成果的常用工具。

3. 良好的文字表达能力

我国著名数学家华罗庚说过："语文天生重要"，这句名言至今仍有很强的针对性。汉语是我们的母语，是我们工作和生活中最重要、最基本的工具。作为科研财务助理，不但要懂得财经知识、科研常识，还要承担大量的秘书工作，如组织会议、协助新闻发布、参与课题申报文本的撰写（尤其是预算编制）、合同的起草或审查、课题报告的编辑等。如果财务助理拥有良好的

文字表达能力、理解能力，将大大提高科研团队的工作效率，也有利于将科研团队的工作成果更好地展示出来。因此我们在平时就要注意提高自己的文字功底，养成思路严谨和字斟句酌的习惯，不断提高语文素养。

4. 良好的沟通能力

科研财务助理必须具备良好的语言表达能力和沟通能力。对内，他需要与科研团队的负责人和其他成员就预算工作、经费使用与报账、采购业务、工作汇报等方面进行密切的配合；对外，他不但要与单位的职能部门（如科研管理部门、财务部门等）沟通项目管理以及财务相关工作，而且在项目工作进展汇报、结题、审计、迎检、申报专利和成果转化等工作中需要与上级主管部门、政府职能部门保持良好的沟通和工作联系。如果项目是与外单位合作承担，科研财务助理在预算分配、经费拨付、使用进度、结题决算等环节都需要进行大量的沟通工作。

5. 科研相关事务工作的组织协调能力

科研团队或科学家个人经常需要组织学术会议和外出工作，包括赴外地开展实地调研和考察、科研合作、学术活动、国际交流等，如果掌握了熟练的会务筹办技巧，熟练网上订票、退票改签、预订酒店、安排线上会议、护照签证等工作的安排，必定能很好地让科研财务助理岗位闪光增值。在科研团队的工作范围内，凡事细心一点、耐心一点、主动一点，也应该成为科研财务助理的基本工作守则。那些工作积极主动、思路清晰、通才式的多面手财务助理普遍会更加受到科学家的欢迎。

第四节　设置科研财务助理的重要意义

设置科研财务助理，体现了党中央、国务院对科研工作的高度重视，体现了国家对广大科研人员的关爱。从上面的章节中，我们已经明确了设立科研财务助理的初衷，也明确了科研财务助理需要承担的主要工作职责。这个助理既要懂得科研工作的基本流程与要求，熟悉具体项目的预算与研究进度，又要掌握比较全面的科研经费管理技能，对财务常识与相关的制度法规有较深入的了解，属于一种专业化、复合型的秘书服务人员。因此，建立健全的科研财务助理制度，设置科研财务助理岗位，无论是从实施科技创新驱动的国家战略层面，还是从科研项目承担单位层面、课题项目负责人个人层面、课题组的日常管理层面等而言，均有重要的意义。

1. 设置科研财务助理是贯彻落实党中央、国务院关于在科研领域"放管服"重大战略部署的关键环节

2015 年 5 月 12 日，国务院召开全国推进简政放权放管结合职能转变工作电视电话会议，首次提出了"放管服"改革的概念。"放管服"，顾名思义就是"简政放权、放管结合、优化服务"的简称，是我国的一项创新性重大改革政策。"放管服"其实是一个"三位一体"的整体概念，我们绝不能将其机械地分拆或只强调某一方面，否则都是属于片面的理解。简而言之：

"放"即以深化行政审批制度改革为重点推进简政放权；

"管"即切实加强事中和事后监督，管理规范到位；

"服"即优化政府的职能服务。

"放"与"管"是并行的，"放"不是放责，更不是放任自流；"管"是政府及责任单位必须履行的职责，规范化、精准化、便捷化管理是确保科研工作有序合规开展、保证科研工作质量必不可少的环节；"服"就是转变政府职能，主管部门对服务对象的工作减少过多的干预，减少过多过繁的行政审批以及各类不必要的检查。因此，"放管服"的本质要求是：放而有度，到位而不缺位。

设置科研财务助理是破局的关键环节，等于在具体的科研项目管理团队中加入了一个懂科研、识财务、知规章、能干事的新成员，不但丰富和完善了科研团队的人员构成，也丰富了团队的知识结构，而且切实减轻了科研核心团队的工作负担，将科学家从事务性的工作中解放出来，让广大科研人员更加专注于科研工作，进而贯彻落实好国家对科研人员的"放管服"政策。

2. 设置科研财务助理是破解科研经费管理难题，切实有效减轻科研人员负担的创新性制度安排

加快自主创新，早日实现高水平科技自立自强，是我们国家的"国策"，这对于广大科研人员来说，既是冲锋号，更是光荣又神圣的历史使命。如何更加充分调动科研人员的积极性和创造性，除了主管部门主动减少非必要的干扰以外，更要从减轻他们的工作负担方面着手，让他们可以更加专注于科研工作，潜心科学研究。术业有专攻，让科研人员把宝贵的时间和精力花在学习财务制度、与财务数据打交道、为报销经费往返奔波等事务上，既是对人才的极大浪费，更是对国家"放管服"政策的落实不到位。为解决这些难题，很有必要在科研人员的身边，为他们安排可以承担基础性、辅助性和事务性工作的科研财务助理。

在第二节，我们已明确提到，科研财务助理的工作职责和工作内容就是根据科研项目的研究方向与进度，编制项目预算，根据预算批复跟踪经费执行进度、提供财务数据与报表，负责科研合同的初步审核、经费报销、中期汇报资料、结题审计准备，参与课题申报与答辩、结题答辩，迎接各类检查监督等。当然，一个优秀的科研财务助理，除完成上述涉及财务方面的本职工作以外，还可以兼任一些事务性工作，如文件的打印、资料的传送、汇报材料的准备，项目组各类专题会议、学术活动的组织与安排，项目负责人的行程安排等。

因此，财务助理是为科学家减负而设，是为规范科研经费管理而来的，明确提出设置财务助理，可以说是为适应新时代科研管理体制改革需要的创新性制度安排。

3. 设置科研财务助理是完善科研治理体系、提升科技创新治理能力、规范科研经费管理的重要抓手

科研经费是指一个国家或地区，在某一个特定时期各种用于发展科学技术事业而支出的费用。科研经费通常是由政府、企业、民间组织（协会、学会等）、基金会等通过公开申报或委托等方式，经过必要的程序筛选来分配的，用于解决特定科学和技术问题的经费投入。纵向科研经费实行预算管理，执行国家相关经费管理办法，严格按照项目主管部门批复的预算范围和开支比例规范使用科研经费。横向科研经费实行合同管理，必须按照项目合同书中约定的经费使用用途、范围和开支标准，执行国家和承担单位相关管理办法，合理、规范使用科研经费。

从财务管理的视角，无论是纵向科研经费还是横向科研经费，只要是通过国有科研单位的渠道分配到具体的项目负责人，即可一律视同国有资产，必须严格按照申报合同书及预算要求进行规范管理。尽管国家为推进科技领域"放管服"改革，建立并完善了以信任为前提的科研管理机制，按照"能放尽放"的要求赋予科研人员更大的人、财、物自主支配权，但是同时我们必须保持清醒的认识。在实际工作中，科研领域仍然存在一些不良倾向，甚至有个别人员错误地将科研经费视为自己的"自留地"，科研经费曾经一度成为反腐倡廉的热点领域。科研领域的不良倾向主要表现在：

（1）计划性不强，预算编制不严谨，脱离了科学研究的基本面，要么是经费不足，要么是经费过剩，或者是具体费用项目的预算安排不合理，造成预算需要频繁调整的被动局面。

（2）项目承担单位和研究人员存在只重视课题申报，不重视课题日常管理的情况，尤其是进度管理不到位、预警机制未建立，造成临近结题时才突击花钱、突击推进，而来不及使用的经费要么在本单位被统筹分配使用，要么部分甚至全部被拨款单位回收等。项目管理水平差，其研究质量亦必然受到影响。

（3）课题组在经费使用的过程中，或不懂财务制度，或明知故犯，存在违规使用科研经费、财务开支不规范、恶意套取和侵占科研经费等违法违纪现象，个别科研人员甚至受到了法律的制裁，影响十分恶劣。

在"放管服"政策环境下，大多数项目承担单位对科研经费都实行"项目负责人负责制"的管理模式。这种模式的科研经费使用是由项目负责人自主决策的，最终也必定由其本人承担第一责任。虽然科研财务助理不是以监督者的角色加入科研团队的，实际上仅仅是一个下属与秘书的角色，但是在科研团队中，科研财务助理应该是一个熟悉财务法规的成员，知道哪些事可以为，哪些事不可为，尤其是对于一些明显超越红线和底线的违法违规行为，科研财务助理确实有责任善意提醒项目负责人，从而起到较好的保驾护航作用。正是从这个意义上说，设置科研财务助理是完善科研治理体系，提升科技创新治理能力，规范科研经费管理的重要抓手，甚至有利于减少科研领域违法乱纪行为的发生。

关于如何规范科研经费使用，加强科研人员的廉洁自律管理，后面的章节还有专门的内容。

4. 设置科研财务助理是项目承担单位优化职能管理、降低人力成本的有力举措

作为在科研领域落实国家"放管服"政策的关键环节，又是切实减轻科研人员工作负担的创新性制度安排，科研院校（所）设置科研财务助理已是大势所趋。科研财务助理可以成为项目承担单位的职能管理部门与项目研发团队加强沟通协调的纽带，很多涉及经费管理的要求、财务数据的提供、制度的宣讲等，都可以通过科研财务助理准确传达给项目负责人，这对于项目承担单位信息传达的准确性、及时性，优化职能管理，具有重要意义。

让专业的人去干专业的事，往往能够收到事半功倍的效果，从而达到人力资源效益的最大化。尤其是在一些承担项目较多的单位，如果占用编制招聘专职财务助理，其人力成本全部由单位的经费承担，可能给单位的人事管理和财务开支造成较大压力。以广东省内某"三甲"医院为例，目前该院共设置了75个课题组，即使按照3∶1的比例设置联合财务助理，也要增加25人，按照每人年薪12万元计算，全年的开支大约需要300万元，这对于正在过"紧日子"的医疗机构来说，确实是一笔不菲的开支。国务院办公厅《关于改革完善中央财政科研经费管理的若干意见》（国办发〔2021〕32号）第四点"减轻科研人员事务性负担"指出："科研财务助理所需人力成本费用（含社会保险补助、住房公积金），可由项目承担单位根据情况通过科研项目经费等渠道统筹解决。"因此，科研院校（所）既可以根据本单位的实际情况，在本单位的人员编制内招聘科研财务助理，也可以由项目经费来统筹解决，通俗地说就是"课题组自聘"，这样就能够大大降低项目承担单位的人力成本，解除科研单位设置和健全科研财务助理制度的后顾之忧。

5. 设置科研财务助理是科研院校（所）承担社会责任，实现科研事业高质量发展的有效途径

2022年以来，全球受疫情影响，经济还处在艰难复苏阶段，加上中美经贸摩擦、俄乌战争、欧美高通胀、房地产市场低迷、经济转型等因素叠加，我国经济增长有所放缓，稳就业的压力较大。为此，国家及时出台了相关政策，鼓励各类创新主体开发科研财务助理岗位，吸纳高校毕业生就业。这既是促进就业的有力手段，也是深化科技管理体制改革、构建与科技计划相适应的专业化支撑队伍的重要举措，更是提升高校、科研院所、企业创新能力的有效途径，对推进科技创新支撑引领现代化经济体系建设和高质量发展具有重大意义。

本章小结

本章从阐述科研财务助理诞生的时代背景、设立科研财务助理的依据切入，进而根据相关政策文件来明确这个岗位的工作职责，能够在科研团队中解决什么问题、发挥什么作用，最后从宏观层面旗帜鲜明地指出设置科研财务助理的重要意义。

第二章
科研财务助理的工作定位与人事管理

学习指引

本章主要从科研财务助理自身的角度，审视这个职业岗位的定位，即解答财务助理自身的困惑：我是谁？我在科研团队中是怎样的一个角色？我的福利待遇及职业发展路径如何？等诸多疑问……

第一节 科研财务助理的工作定位和独立性

上一章提到，中办发〔2016〕50 号文件《关于进一步完善中央财政科研项目资金管理等政策的若干意见》指出，科研财务助理就是要"为科研人员在项目预算编制和调剂、经费支出、财务决算和验收等方面提供专业化服务"。文件已将科研财务助理的工作定位基本敲定——提供专业化服务。因此，从其岗位性质、工作职责来说，科研财务助理属于事务性秘书的范畴，同时，这一职责的提出，让科研财务助理从过去较为单一的财务"报账员"岗位，转变为集项目过程管理、预算、报销及结题业务办理等职能于一体的综合性科研辅助岗位。

尽管科研财务助理承担的是事务性秘书工作，在团队中处于从属和辅助地位，但是，这并非意味着科研财务助理岗位就没有独立性，完全是科学家个人或科研团队的附庸，原因在于：

第一，财务助理属于专业技术人员。术业有专攻，在这个知识快速更新、管理精细化的时代，很多工作岗位都有其专业性，科研财务助理岗位也不例外。这个岗位要求从业人员同时掌握科研基本常识和基础的财务专业知识，知晓科研与财经法律法规，是具有一定复合型知识结构的初、中级专业技术人员。因此，科研财务助理要在提供服务的过程中推动科研项目合规有序开展，并减轻科研人员的事务性工作负担，在这个过程中实现岗位的价值。其依靠自己的专业知识和技能，通过付出辛勤的劳动来获取合法报酬。这是科研财务助理岗位独立性的根本所在、底气所在。

第二，财务工作原则性强，依法从业是生命线。科研经费普遍视同国有资产管理，限于人性的弱点，不排除有个别人员对自己掌握的科研经费动歪念，这个时候，科研财务助理的独立性就显得尤为重要。其必须对自己的职责有清晰的认知，对法律和制度有敬畏心，在日常工作中要积极宣讲法律法规，保护好自己，坚持会计准则，守住底线，坚决不参与违法行为，坚决不从违法活动中牟取蝇头小利。

同时，也应做好自我定位。作为科研财务助理，我们只是科学家或科研团队的"服务员""护航者"，不是"掌舵人"，项目负责人自始至终都是第一责任人。因此，在自己力所能及的范围内依据法律法规和制度开展工作，服务到位而不越位，在工作中坚持"做实事、讲真话、谏忠言、守底线"，做到"有理、有据、有节"，是我们工作独立性的重要体现。

第二节　建立科研财务助理制度应明确的几个问题

现阶段，大部分科研单位对科研助理（主要是学术助理）的聘用和管理尚处于初级阶段，而财务助理岗位的培育与使用还有待进一步的探索。某个单位要建立完善的科研财务助理制度，必须依据相关政策和法规制度，对以下几个要素进一步予以明确。

1. 科研财务助理岗位的配置

（1）重点、重大项目应设相对固定的科研财务助理，其他科研项目可按需设立科研财务助理，也可以多个项目联合聘用一名科研财务助理。

（2）科研财务助理岗位可根据实际需要，在单位现有的核定岗位中统筹解决，亦可采用课题组自聘方式用工，所需经费通过科研项目经费统筹解决。

（3）科研财务助理岗位的配备。各课题组根据科研项目管理的有关规定，结合本课题组的科研项目数量、科研经费总量及预算批复情况、工作职责等提出岗位配备申请，报单位人事部门审批后实施人员招聘或在已聘人员中调剂安排。

2. 担任科研财务助理的基本条件

（1）科研财务助理岗位人员应熟悉并严格遵守国家财经法律法规，遵守各级各类科研项目经费管理规定和单位规章制度，坚持原则，依法办事，廉洁奉公。

（2）科研财务助理岗位人员应掌握财务管理和会计等相关专业基础知识，熟悉科研项目经费管理要求，具有较强的工作责任心、学习能力以及沟通能力。

（3）科研财务助理岗位人员应具有专科及以上学历，经单位科研、财务管理部门培训后方可上岗。

3. 科研财务助理的工作职责

科研财务助理的工作职责及其应具备的基础素质要求，已在第一章的第二、三节作了专门的介绍，在此不再赘述。

4. 科研财务助理的人事组织关系与管理模式

（1）科研财务助理的聘用。

各个课题组可以根据自己团队工作的需要，科学合理地聘用财务助理。目前，课题组自聘的方式比较普遍。所谓课题组自聘，就是课题负责人根据自己开展科研工作的需要，以及自己课题经费的预算，对科研助理的招聘提出需求，由单位的人事部门组织并启动招聘程序，课题负责人和人事部门共同考核、面试后确定人选。

科研财务助理岗位人员的劳动关系可进入单位，亦可由第三方劳务派遣。受限于单位编制和控制人力成本的需要，目前由科研课题经费招聘的科研财务助理，大多数采用劳务派遣的管理模式。

聘用单位应与科研财务助理签订劳动合同，而劳动合同的签订、变更、解除或终止，须根据国家政策和单位合同聘用人员管理的相关规定执行，双方在平等自愿、协商一致的基础上共同遵守履约。按照劳动合同法，劳动合同签订期限有三种：一是以完成一定任务为期限，二是固定期限，三是无固定期限。其中，以第一、第二种合同期限为最常见。按照第一种模式，聘用单位可与科研财务助理签订以某项工作的完成时间为期限的劳动合同，原则上合同期不超过项目执行期。为保持助理岗位人员稳定，可在劳动合同中约定，如果科研财务助理胜任工作，在科研团队有新的科研项目时，可予优先续聘。

随着社会配套服务日益完善，科研财务助理的人事档案通常由其本人自由选择挂靠单位或社会第三方人才服务机构管理，一般情况下其服务的科研单位人事部门不再管理劳务派遣人员的档案。

（2）聘用科研财务助理的经费来源。

国办发〔2021〕32号文件《关于改革完善中央财政科研经费管理的若干意见》第四点"减轻科研人员事务性负担"中指出："科研财务助理所需人力成本费用（含社会保险补助、住房公积金），可由项目承担单位根据情况通过科研项目经费等渠道统筹解决。"因此，科研助理的所有薪酬及人力成本，可以全部从课题经费的劳务费预算中安排解决。

但是，这不应该是唯一渠道。据了解，个别重视科研工作的单位，亦有从行政经费发放科研助理年终绩效的，这对科研助理是一个很好的鼓励。随着科研事业的发展，以及各单位对科研工作的日益重视，不排除未来有些单位突破现有模式，例如：为科研经费总额达到某一额度的个别科研团队，使用行政经费来聘用优秀的科研财务助理，作为单位合同制员工；或者每2～3个科研团队联合聘任和使用1名科研财务助理。从单位层面统一配置科研财务助理的模式，实质上是对科研工作的极大鼓励，更是一种明确的战略导向，必将促进科研事业更好地发展。

（3）科研财务助理的培训、使用和考核。

参照目前科研助理的管理模式，人员招聘到位后，先由单位人事部门统一组织培训，经考核合格后才能上岗，再由课题负责人或课题组负责对其具体工作进行安排，并对科研财务助理的工作进行诸如劳动纪律方面的监督，同时还要负责解决支付科研财务助理薪酬所需的经费。而科研部门和财务部门则分别负责对其进行业务管理、业务培训与工作指导。科研财务助理人员的考核可由单位人事部门与课题组联合组织，考核结果将作为所在单位是否继续聘用和奖惩的主要依据。

科研财务助理岗位人员在受聘期内出现违法违纪行为的，按国家法律法规和单位内部有关管理规定，对其进行缺陷管理与责任追究；若有严重违纪违法行为，则移送司法机关处理。

5. 科研财务助理的岗位待遇

（1）科研财务助理岗位人员的薪酬标准由单位、课题组与聘用人员三方协商，可参照课题组合同聘用科研学术助理岗位的薪酬待遇标准执行，并在劳动合同中明确。

（2）聘用科研财务助理岗位人员，应按国家规定缴纳社会保险、住房公积金等"五险一金"。

（3）科研财务助理所需人力成本费用（含社会保险补助、住房公积金），可由项目承担单位根据情况通过科研项目经费等渠道统筹解决。

（4）科研财务助理人员应按照国家劳动法律法规享有休假、工会会员等相关的合法权益。

第三节　科研财务助理的考核与评价标准

科研财务助理是以"提供复合型、专业化秘书服务"的角色加入科研团队的，在团队中主要通过提供专业化服务来实现其自身工作价值。因此，考核评价科研财务助理是否称职，应首先从科研团队内部的视角，看看科研财务助理的服务能力和工作成效能否达到当初设立科研财务助理的目的，即把是否减轻了科研人员的事务性工作，是否使经费管理更加规范到位等作为考核评价的基准。归纳起来，评价一个科研财务助理的最核心指标是：在遵纪守法、诚实守信的前提下，科学家及其团队对科研财务助理工作的满意度。

对标其工作职责，科研财务助理除了要全面掌握财务和科研方面的政策法规及基本知识以外，具备扎实的基本功和动手能力，拥有良好的文字表达能力和沟通能力、熟练的电脑信息与网络应用技术等，也是其做好本职工作最核心的素质要求。而良好的业务素质，仅仅是做好工作的必要条件，因为科研财务助理工作可以说"既专又杂"。"专"体现在对财务工作的熟悉程度，体现在对科研工作的总体把握和了解；"杂"则体现在秘书工作的特性，即凡是科研团队的事务性工作，均可成为科研财务助理的工作内容，甚至是科学家个人的一些烦琐事项，科研财务助理亦应酌情给予协助。因此，科研财务助理在职业发展方面，可以锚定以下奋斗目标：在政策法规层面，做科学家的"护航者"；在日常工作层面，做科学家的得力小助手；在为团队服务层面，做整个团队的贴心"小管家"。

概括起来，优秀的科研财务助理应该符合以下标准：

（1）爱党爱国爱科研院校，热爱社会主义科研事业。这是政治标准，也是首要条件。

（2）专业知识和社会通识过硬。科研财务助理要提供优质的专业化秘书服务，就必须在科研业务、财务业务和日常事务性工作上具备"程咬金"式"快、准、狠"的实用几板斧。

（3）科研财务助理是承担事务性秘书工作的辅助岗位，要做好这份工作，必须涵养良好的职业素养：甘于平凡，追求卓越；甘愿奉献，勤勉尽责；甘当绿叶，积极主动。

（4）坚持诚信，守法奉公；坚持准则，守责敬业；坚持学习，守正创新；坚持底线，守门避险。

（5）具备五个强烈意识：责任意识、服务意识、团队意识、保密意识、规矩意识。

朱镕基同志在 2001 年 10 月为北京国家会计学院题字："诚信为本，操守为重，坚持准则，不做假账"。这沉甸甸的十六个字，也应该成为科研财务助理毕生遵守的职业信条。

本章小结

　　本章从职业定位、个人发展方向和人事组织管理的角度，解答了科研财务助理对自身工作，以及对未来职业发展规划方面的疑问；同时亦从聘用科研财务助理的单位角度，对建立科研财务助理制度、人事考核与评价制度、评价标准等方面作了具体的规划。

第三章
科研财务助理应掌握的科研知识

学习指引

本章主要对我国科研项目体系的构成、发展历史沿革、运行机制和管理体制、科研经费管理基本规范以及科研财务助理制度、工作内容作全面介绍，目的是让科研财务助理对自身工作有全局性的了解，对自己的职责有一个方向性的认知。

第一节　我国科研项目体系介绍

作为科研财务助理，对科研工作应该有比较全面的认识，了解科研项目的相关概念和我国的科研项目体系建设。

一、科研工作常用的专业概念注解

我们先简单介绍几个常用的与科研项目相关的专业概念，包括科学研究、科研项目、科研课题、科研子课题、科研任务等，以及它们之间的内在关系。

科学研究是指，为了解决经济和社会发展中出现的科学技术问题，设定研究目标，有特定的研究内容和方法，有一定数量的研究人员参与和资金支持，需在约定的时间内完成的一系列复杂科技活动。现代科学研究会根据研究内容和目标而设立独立的项目或课题进行管理。通常，科研项目的规模比课题大，项目下面可根据研究内容、团队分工设立若干个相关联的科研课题，大科研项目的科研课题下面还可以设立科研子课题，子课题还可以再分解为若干个科研任务。对于研究内容较少和目标相对较小、研究团队较简单的科学研究，也可直接设立课题进行管理。科研项目和科研课题有单独的任务书或合同，而子课题和科研任务一般没有单独的任务书或合同，会在所属的课题任务书中标示。

通常，科研项目是宏观层面的称呼，科研课题是微观层面的称呼，两者在科研管理中并没有十分明确的界限，在日常工作中人们甚至常将两者混用，它们可以是包含与被包含的关系，也可以是相互独立的关系。

二、科研项目体系概况

目前，我国已经建立了较为完善的具有中国特色的科研项目及其管理体系。我国的科研项目可按资助资金来源分为由财政经费直接支持的纵向项目和由社会力量支持的横向项目两大类。

纵向项目为财政资金直接资助，通常来自国家各级政府设立的各种科技计划（专项、基金等），以及部分政府下属职能单位、基金委员会立项资助的项目。科技计划是政府在基础研究、前沿技术研究和社会公益性技术研究领域对科技创新发挥引领和指导作用的重要载体，体现了我们国家在中国特色自主创新道路上的政策取向、战略布局和发展重点。

纵向科研项目按立项部门的层级可分为国家级项目、省部级项目、市厅级项目、区县级项目、校级项目等。

对于由各级政府部门设立，社会力量给予配套资金支持的科研项目，通常按纵向科研项目进行管理。

各级政府部门为了加强科研基地建设和人才队伍培养而投入的资金，通常以项目的形式立项下达，设有建设培养绩效考核目标并需签署任务书，按纵向项目进行管理。

横向项目是指由企事业单位、社会团体或个人委托，与科研机构签订合同并投入资金而设立的项目，包括技术开发（合作）、技术开发（委托）、技术服务、技术咨询等。以研制新药、医疗器械或者发展新的预防和治疗方法为目的而开展的临床试验项目，是一类特殊的横向项目。

由单位自主立项、自筹经费支持的科研项目，一般由各单位自行制定制度进行管理。

三、纵向科技项目的历史沿革

新中国成立后，在"六五"时期我国就设立了第一个国家科技计划——

"六五"国家科技攻关计划。改革开放后，相继设立了星火计划、国家自然科学基金、863 计划、火炬计划、973 计划、行业科研专项等，这些计划的设立和实施凝聚了几代国家领导人的远见卓识以及各个时期科技工作者的智慧和心血，取得了一大批举世瞩目的重大科研成果，培养和凝聚了一大批高水平创新人才和团队，解决了一大批制约我国经济和社会发展的技术瓶颈问题，全面提升了我国科技创新的整体实力，有力地推进和支撑了我国改革与发展的进程。

随着科学技术不断发展，我国原有的科技计划体系庞杂，专项林立，目标任务过于分散，相互之间边界不清，研究方向重复交叉严重，经费构成复杂，管理部门众多，政策不统一，管理不够科学透明等弊端逐渐显露，造成了科技资源配置分散、科研效率不高，同时存在鼓励科技创新的激励措施没有落实到位，科研人员的创新热情和创造活力没有得到充分激发等问题。

党的十八大提出创新驱动发展战略，把科技创新摆在国家发展全局的核心位置。为深入贯彻党的十八大和十八届二中、三中、四中全会精神，落实党中央、国务院决策部署，从 2014 年开始，按照深化科技体制改革、财税体制改革的总体要求和《中共中央　国务院关于深化科技体制改革加快国家创新体系建设的意见》（中发〔2012〕6 号）、《国务院关于改进加强中央财政科研项目和资金管理的若干意见》（国发〔2014〕11 号）精神，国务院印发了《关于深化中央财政科技计划（专项、基金等）管理改革方案的通知》（国发〔2014〕64 号），在对我国的科技计划的实施和管理情况进行深入调研的基础上，根据新科技革命发展趋势、国家战略需求、政府科技管理职能和科技创新规律，重新进行了顶层设计，整合资源。经过三年的改革过渡，建立起适应科技创新规律、统筹协调、职责清晰、科学规范、公开透明、监管有力的科研项目和资金管理机制，到 2017 年，将近百项的科技计划（专项、基金等）优化整合形成了总体布局合理、功能定位清晰的新五类科技计划，包括国家自然科学基金、国家科技重大专项、国家重点研发计划、技术创新引导专项（基金）和基地人才专项。

同时，建立了由"一个制度、三根支柱、一套系统"构成的新的国家科技计划管理体系，形成了公开统一的科技管理平台，从根本上解决了条块分割、资源配置"碎片化"的问题。

随着改革不断深化，科技计划的项目和资金配置更加聚焦国家经济和社会发展重大需求，对基础前沿研究、战略高技术研究、社会公益研究和重大共性关键技术研究显著加强，科技对经济社会发展的支撑引领作用不断增强，为实施创新驱动发展战略提供了有力保障。

党的二十大报告指出，教育、科技、人才是全面建设社会主义现代化国家的基础性、战略性支撑。必须坚持科技是第一生产力、人才是第一资源、创新是第一动力，深入实施科教兴国战略、人才强国战略、创新驱动发展战略，开辟发展新领域新赛道，不断塑造发展新动能新优势。

四、现行的国家科技计划项目分类

1. 国家自然科学基金项目

资助基础研究与应用基础研究和科学前沿探索，培育创新人才和团队，增强源头创新能力，向国家重点研究领域输送创新知识和人才团队。分"基础科学、技术科学、生命与医学、交叉融合"4个板块9个科学部，重点项目、面上项目和青年科学基金项目等15个大类。

2. 国家科技重大专项

聚焦国家重大战略产品和产业化目标，通过核心技术攻坚突破和资源集成，解决"卡脖子"问题，为完成重大战略产品、关键共性技术和产业化目标而组织的重大专项，如新药创制、传染病、大型飞机、载人航天与探月工程等国家科技重大专项。

3. 国家重点研发计划

国家重点研发计划是由科学技术部管理的国家重点基础研究发展计划（973计划）、国家高技术研究发展计划（863计划）、国家科技支撑计划、国际科技合作与交流专项，发展和改革委员会、工业和信息化部共同管理的产业技术研究与开发资金，原农业部、原国家卫生和计划生育委员会等13个部门管理的公益性行业科研专项等整合形成。

国家重点研发计划是针对事关国计民生的重大社会公益性研究，以及事关产业核心竞争力、整体自主创新能力和国家安全，瞄准国民经济和社会发展的重大需求和科技发展各主要领域的战略性、基础性、前瞻性重大科学问题和技术瓶颈设立的一批重点专项。按照基础前沿、重大共性关键技术到应用示范，进行全链条设计，一体化组织产学研优势力量协同攻关，提出整体解决方案。如精准医学、常见多发病防治研究、重大慢性非传染性疾病防控研究、病原学与防疫技术体系研究、主动健康和老龄化科技应对等专项。

4．技术创新引导专项（基金）

按照企业技术创新活动不同阶段的需求，对发展改革委、财政部管理的新兴产业创投基金，科技部管理的政策引导类计划、科技成果转化引导基金，财政部、科技部等四部委共同管理的中小企业发展专项资金中支持科技创新的部分，以及其他引导支持企业技术创新的专项资金（基金）进行分类整合。

现阶段，我国大部分企业的创新能力依然薄弱，尚未真正成为创新决策、研发投入、科研组织和成果应用的主体，需要政府充分发挥市场配置技术创新资源的决定性作用，通过技术创新引导专项（基金），采用天使投资、创业投资、风险补偿、后补助等引导性支持方式，激励企业加大自身科技投入，促进科技成果转移转化，不断提高企业技术创新能力。

5．基地和人才专项

对国家（重点）实验室、国家工程实验室、国家工程研究中心、国家工程技术研究中心、科技基础条件平台、创新人才推进计划、国家认定企业技术中心等提供支持。基地和人才是科研活动的重要保障，相关专项支持科研基地建设和创新人才、优秀团队的科研活动。

上述五类科技计划（专项、基金等）既有各自的支持重点和各具特色的管理方式，又彼此互为补充，形成整体。

6．其他项目

除上述五类面向全国的科技计划（专项、基金等）外，国家对中央级科研机构、高等院校设立了实行稳定支持的专项，如中国科学院战略性先导科技专项、高校科研基本业务费等。这类经费根据科研单位人员数量一次性核定，拨到科研单位，具体资助项目由科研单位自主决定，通过稳定经费的渠道支持科研队伍和平台建设，围绕国家战略需求开展科技攻关。

部分未归入上列项目，同样得到财政支持的专项基金，如中国博士后科学基金等，由相关管理部门制定专门的管理办法进行管理。

五、科技计划管理体系

（一）国家科技计划管理体系

中国通过统一的国家科技管理平台，构建了一个决策平台（联席会议制度）、三大运行支柱（战略咨询与综合评审委员会、专业机构、统一的评估和监管机制）、一套管理系统（国家科技管理信息系统），涵盖科技计划项目决策、咨询、执行、评价、监管等各环节，职责清晰、协调衔接的全流程管理体系。

1．联席会议制度

由科技部牵头，财政部、发展改革委及相关行业主管部门建立的共同参与、共同决策的联席会议，负责审议科技发展战略规划、科技计划（专项、基金等）的布局与设置，围绕国家科技发展重大战略任务、行业和区域发展需要，共同协商、共同研究、共同论证，研究、凝练形成科研任务需求和项目指南，上报国务院批准以后开始组织实施。

2．战略咨询与综合评审委员会

该委员会由有代表性的科技界专家和产业界、经济界专家组成，反映各方面对科技创新的需求。委员会从战略高度跟踪国际科技发展和产业变革趋势，对科技发展战略、规划、重大任务和重大科技创新方向的选择等方面提出咨询意见，为联席会议提供决策参考。另外，委员会对制定统一的项目评审规则、建设国家科技项目评审专家库、规范专业机构的项目评审等工作也要提出意见和建议，还可以接受联席会议委托，对特别重大的科技项目组织并开展评审。

3．专业机构

专业机构使政府职能得以转变，将其从项目的日常管理和资金的具体分配中解放出来，依托专业机构具体管理项目。引入专业机构进行项目申报、评定和最终验收的相关工作，提高了项目本身的质量和项目执行的效率。

专业机构主要是由原有的科研管理类事业单位改造后形成的若干规范化的项目管理专业机构。专业机构的任务是，通过国家科技管理信息系统受理各方提出的项目申请，组织项目评审、立项、过程管理和结题验收等。目前，已有科技部、工信部、国家卫生健康委员会和农业农村部所属七家科研管理类事业单位改造组建了七家科研项目管理专业机构，如科学技术部高技术研究发展中心、中国生物技术发展中心等。

4．国家科技管理信息系统

国家科技管理信息系统公共服务平台对中央财政科技计划（专项、基金等）的需求征集、指南发布、项目申报、立项和预算安排、监督检查、结题验收、成果转化全过程进行统一规范管理。公共服务平台向社会公众、科研人员提供统一的科技信息发布公示、科技计划（专项、基金等）信息查询、科技项目申报、科技项目过程组织实施、科技计划项目数据查询、科技报告、科技计划业务交互服务等功能。

5. 国家自然科学基金委员会

国家自然科学基金委员会在科学技术部管理、统筹协调下依法相对独立运行管理国家自然科学基金，负责国家自然科学基金的资助计划、项目设置和评审、立项、监督等组织实施工作。建立了单独的国家自然科学基金网络信息系统登录平台。

2023 年 3 月，十四届全国人大一次会议通过的国务院机构改革方案，要求加强党中央对科技工作的集中统一领导，组建中央科技委员会，建立权威的决策指挥体系。强化科技创新在我国现代化建设全局中的核心地位，面对国际科技竞争和外部遏制打压的严峻形势，进一步理顺科技领导和管理体制，更好统筹科技力量在关键核心技术上攻坚克难，加快实现高水平科技自立自强。

重组后的科技部整体承担中央科技委员会办事机构职责，将更加聚焦顶层设计和宏观统筹等职能，部分与产业科技发展相关的职能将被剥离。此外，科技部将不再参与具体科研项目评审和管理，备受关注的财政科技经费分配使用机制改革，也将朝着提升科技投入效能的目标推进。加强科技部推动健全新型举国体制、优化科技创新全链条管理、促进科技成果转化、促进科技和经济社会发展相结合等职能，强化战略规划、体制改革、资源统筹、综合协调、政策法规、监督检查等宏观管理职责，保留国家基础研究和应用基础研究、国家实验室建设、国家科技重大专项、国家技术转移体系建设、科技成果转移转化和产学研结合、区域科技创新体系建设等相关职责。

（二）地方科技计划管理体系

各省、市地方科技管理部门根据当地社会经济发展需要，也建立了相应的省、市科技计划、科技发展基金和科研项目管理系统，进行相应的科技计划项目申报、评审、立项、管理，是国家科技计划的延伸和补充。部分行业主管部门也设有本领域的科技计划或科学基金项目，如博士后基金项目、人才专项、医学科学基金项目等。

（三）高层次人才计划管理体系

党的二十大报告指出，教育、科技、人才是全面建设社会主义现代化国家的基础性、战略性支撑。必须坚持人才是第一资源，深入实施人才强国战略。

人力资源和社会保障部、科技部、教育部、卫健委等国家有关部委，分别设立了国家重大人才计划、国家重大人才计划青年项目、国家重大人才工程、国家重大人才工程青年项目、医学高层次人才计划、博士后创新人才支持计划、国家自然科学基金委员会国家杰出青年科学基金和优秀青年科学基金项目等国家级的高层次人才培养计划；各省、市地方政府有关部门也根据当地人才队伍建设需要，设立了相应的高层次人才培养计划。

高层次人才培养计划的经费以支持科学研究、团队建设为主，通常以项目的形式下达并按纵向科研项目管理，其经费多实行包干制。项目负责人在承诺遵守科研伦理道德和作风学风诚信要求、经费全部用于与本项目研究工作相关支出的基础上，自主决定项目经费使用。对于引进人才，还可能有安家费和生活补贴等资助，一般由所在单位的人事部门按规定发放。

（四）横向项目管理

横向项目是由企事业单位和社会团体或个人委托的各类技术开发、技术服务、技术咨询等项目。外单位承担的纵向项目，申请文件和任务书的承担单位中没有本单位署名，由承担单位以委托的形式转拨本单位的子课题或外协经费，一般也按横向项目管理。横向项目必须以单位名义与委托方签订合同，项目经费纳入单位财务统一管理，按各单位的横向项目相关制度进行管理。

为研制新药、医疗器械或者发展新的预防和治疗方法而进行的涉及人体的临床试验项目是一类特殊的横向项目，分为注册类临床试验和研究者发起的临床研究项目。近年来，为推进药品高质量发展，更好地满足临床需要，我国药物临床试验登记数量呈逐年增长趋势。2023年我国药物临床试验年度登记总量达4 300项。临床试验投入的经费也大幅增长，部分医疗机构临床试验项目经费已经超过纵向项目经费。由于临床试验项目涉及人体，又大都是多中心（多个医疗机构）共同进行的科学研究，国家药监局和卫健委对这类项目有专门的管理规范，各单位一般会建立专职部门管理并制定相应的管理制度。

（五）单位自筹经费科研项目管理

各单位根据本单位战略发展和科技创新需求，自筹经费并负责管理的科技项目，多用于青年人才培养和科研启动，以及为国家重大项目提供配套，一般多采用包干制的形式，由各单位自行制定相关规章制度进行管理。

第二节 我国科研经费管理现状和改革

为深入实施创新驱动发展战略，国家不断改革科研项目资金管理，将经费使用权充分赋予科研人员，减轻科研人员的额外负担，提高科研资金的使用效率，形成了充满活力的科技经费管理和运行机制。

2024 年 2 月 29 日国家统计局发布的《2023 年国民经济和社会发展统计公报》显示：2022 年我国研究与试验发展（R&D）经费支出 33 278 亿元，比上年增长 8.1%，比 2019 年增长 51%，与国内生产总值之比为 2.64%。其中，基础研究经费 2 212 亿元，比上年增长 9.3%，占 R&D 经费支出比重为 6.65%，对我国原始创新能力不断提升发挥了积极作用。为深入实施创新驱动发展战略，促进形成充满活力的科技管理和运行机制，不断完善科技经费管理制度，党的十八大以来，国家先后出台了一系列有关科研项目管理、科研资金管理的意见和措施，将经费使用权充分赋予科研人员，减轻了科研人员的额外负担，提高了科研资金的使用效率，进一步激发科研活力、释放创新动能。

2016 年 7 月，中共中央办公厅、国务院办公厅印发《关于进一步完善中央财政科研项目资金管理等政策的若干意见》（中办发〔2016〕50 号），重视程度之高前所未有，文件要求改革和创新科研经费使用和管理方式，简化预算编制，下放预算调剂权限；提高间接费用比重，加大绩效激励力度；明确劳务费开支范围，不设比例限制；改进结转结余资金留用处理方式；自主规范管理横向经费。同时，对差旅费、设备采购管理也进一步简政放权。

文件规范的是中央财政科研项目资金管理，各地方也及时跟进出台了相应的科研项目资金管理办法。促进形成充满活力的科技管理和运行机制，以深化改革，更好激发广大科研人员的积极性。

2019 年，时任总理李克强在十三届全国人大二次会议《政府工作报告》中提出"开展项目经费使用'包干制'改革试点，不设科目比例限制，由科研团队自主决定使用"，此后，国家自然科学基金以及部分省市在基础研究领域陆续开展了此项改革试点工作。

2021 年 8 月，《国务院办公厅关于改革完善中央财政科研经费管理的若干意见》（国办发〔2021〕32 号）公开发布，进一步就扩大科研项目经费管理自主权、完善科研项目经费拨付机制、创新财政科研经费投入与支持方式、加大科研人员激励力度等方面提出指导意见。比如，将直接费用中除设备费外的预算调剂权下放给项目负责人；加快经费拨付进度；改进结余资金管理，只要完成任务目标并通过综合绩效评价，结余资金就可以留归科研单位使用。同时扩大经费包干制实施范围，在人才类和基础研究类科研项目中推行经费包干制。在实行包干制的项目中，申请人不再编制项目预算。

在科研经费管理改革中，既要为创新主体和科研人员"松绑激励"，增强科研人员在改革中的获得感和成就感；又要"严守纪律红线"，明确规定科技经费监管要求，实行负面清单管理，明确经费不得用于捐赠、投资、赞助、罚款及支付在职人员教育经费等支出，不得用于与项目研究无关的支出等。

习近平总书记在2022年第9期《求是》杂志发表的重要文章《加快建设科技强国，实现高水平科技自立自强》中指出"推进科技体制改革，形成支持全面创新的基础制度"，"拿出更大的勇气推动科技管理职能转变"，"让科研单位和科研人员从烦琐、不必要的体制机制束缚中解放出来"。

可以预见，今后我国科研经费管理改革仍将不断深化，经费管理机制仍将不断优化，为科技创新积极赋能，避免重复以前"一放就乱、一统就死"的老路。

第三节　单位科研项目经费管理制度与规范

一、科研项目经费管理制度

无规矩不成方圆，科研经费是国家及社会力量投入科技研发的宝贵资源，无论是通过什么渠道下拨和流转，进入哪些经济实体，均须严格按照或等同国有资产管理，任何人不得挪用或非法侵占。科研经费管理制度是各单位对科研经费管理的基本管理规章，是科研财务助理开展工作最重要的依据。科研财务助理必须全面熟悉本单位的科研经费管理制度，这是我们对具体科研项目经费做好规范化管理的基础。科研经费管理可分为预算制和包干制两类。

1. 预算制科研经费管理制度的基本框架

第一条 制度的制定目的与依据：为规范科研经费管理，根据《国务院办公厅关于改革完善中央财政科研经费管理的若干意见》（国办发〔2021〕32 号）等文件要求，制定本制度。

第二条 定义和适用范围：本办法所称科研经费是用于科学研究、技术开发、技术咨询与服务、成果转让和推广等项目的经费。科研经费按来源分为纵向经费、横向经费、社会捐助、本单位的立项或配套经费四大类。

第三条 主要管理职能分工与权限：分管科研和财务的单位领导在各自职务权责范围内对科研经费管理负直接领导责任；科技部门负责科研经费的项目管理、知识产权管理；审计部门负责项目合同管理和审计；财务部门负责科研经费的收支管理、会计核算以及资产的价值管理；设备部门负责科研经费购置或形成的固定资产的实物管理；物资采购供应部门、物资管理部门负责科研物资与耗材的采购及管理。

第四条 项目负责人的职责：项目负责人就是所承担项目经费使用的直接责任人，必须严格执行依法、据实编制项目预算和决算，按照合同任务书和预算要求合理规范使用经费，接受上级相关部门的监督检查等管理要求。

项目负责人应根据科研工作的实际需要，全面落实科研财务助理制度，合理聘用财务助理，为科研项目提供预算编制、经费报销、财务决算等方面的专业化服务。

第五条 科研经费预算开支范围：科研经费一般由直接费用和间接费用两部分组成，直接费用按设备费、业务费、劳务费三大类编制预算。具体开支范围如下：

（一）设备费

是指在项目实施过程中购置或试制专用仪器设备、对现有仪器设备进行升级改造，以及租赁外单位仪器设备而发生的费用。计算类仪器设备和软件工具可在设备费科目列支。项目组应严格控制设备购置，鼓励开放共享，避免重复购置。购置时应遵守本单位仪器设备采购管理和固定资产管理的相关规定。

（二）业务费

1. 材料费：在项目实施过程中消耗的各种原材料、辅助材料、低值易耗品的采购及运输、装卸、整理等费用。

2. 测试化验加工费：在项目实施过程中支付给外单位（包括本单位内

独立经济核算的科研服务平台）的检验、测试、设计、化验、加工及分析等费用。

3. 燃料动力费：在项目实施过程中使用相关大型仪器设备、科学装置等运行发生的水、电、气、燃料消耗费用等。

4. 出版/文献/信息传播/知识产权事务费：在项目实施过程中需要支付的出版费、资料费、专用软件购买费、文献检索费、专业通信费、专利申请及其他知识产权事务等费用。

5. 会议/差旅/国际合作交流费：在项目实施过程中开展科学实验、科学考察、业务调研、学术交流、业务培训等所发生的外埠差旅费、市内交通费用；组织开展学术研讨、咨询以及协调项目研究工作等活动而发生的会议费用；因科研活动实际需要，项目研究人员出国、赴港澳台以及邀请国内外专家、学者和有关人员来工作及开展学术交流确需负担的城市间交通费、国际旅费等费用。应当按照实事求是、精简高效、厉行节约的原则，严格执行国家和单位的有关规定，统筹安排使用。

6. 其他支出：在项目实施过程中除上述支出范围之外的其他相关支出。纵向项目经费的其他支出应当在申请预算时详细说明。

（三）劳务费

1. 劳务费：在项目实施过程中支付给参与项目的研究生、博士后、访问学者以及项目聘用的研究人员、科研辅助人员等的劳务性费用。尤其需要注意的是，在本单位领取工资的人员，不得在科研项目中领取劳务费。

项目聘用人员的劳务费开支标准，参照当地科学研究和技术服务业从业人员平均工资水平，根据其在项目研究中承担的工作任务确定，其社会保险补助、住房公积金等纳入劳务费科目列支。

2. 专家咨询费：在项目实施过程中支付给临时聘请的咨询专家的费用。不得支付给参与本项目及所属课题研究和管理的相关工作人员。专家咨询费的标准按照国家有关规定执行。

（四）间接费用

指单位在组织实施研发类项目过程中发生的无法在直接费用中列支的相关费用。主要包括：为项目研究提供的房屋占用，日常水、电消耗，有关管理费用支出，以及激励科研人员的绩效支出等。

第六条 资金管理：所有科研经费不论其资金来源渠道，全部纳入单位财务统一管理，对财政资金和其他来源的资金按项目分别专账核算，专款专用，任何部门及个人不得截留、挤占、挪用。

第七条 预算管理：实行预算制管理的项目，应按合同批复的预算执行。确需调整的，按项目主管部门规定的预算调整审批权限报批后予以调整。

实行包干制的项目，直接费用不再编制项目预算，项目负责人应将经费全部用于与本项目研究工作相关的支出，开支范围由项目负责人自主决定使用。

第八条 结余经费管理：

（一）项目完成任务目标并通过综合绩效评价、验收或准予结题后，除项目主管部门有明确规定（如中国博士后科学基金规定资助经费结余部分应当收回基金会）外，结余资金优先留归原项目团队统筹用于科研活动直接支出。

（二）项目实施过程中因故终止执行、项目未通过验收或不予结题的，综合绩效评价结论为"结题"或"未通过"的课题结余经费须按原渠道收回；因科研诚信等原因被依法撤销的项目，已拨付的资金全部按原渠道退回。项目负责人应根据项目主管部门的验收意见，及时、足额返还结余经费。

2. 包干制科研经费管理制度的基本框架

第一条 国家在人才类和基础研究类科研项目中推行经费包干制，项目申请和签订任务书时，无须编制项目经费预算，由项目负责人本着科学、合理、规范、有效的原则自主决定项目经费使用。

第二条 项目经费开支范围限于与项目研究工作相关的设备费、业务费、劳务费、单位管理费用及激励科研人员的绩效支出。各支出科目的定义与预算制科研经费管理制度相同。

第三条 包干制的纵向项目按项目主管部门批复经费总额的5%提取管理费。绩效支出应在对科研工作进行绩效考核的基础上，由项目负责人根据实际科研需要和工作贡献，按照"重贡献、重实效"的分配原则发放。科技纵向项目绩效支出原则上不超过项目总经费的30%。

第四条 经费包干制项目实行项目负责人承诺制。项目负责人需签署承诺书，承诺尊重科研规律，弘扬科学家精神，遵守科研伦理道德和诚信要求，认真开展科学研究工作；承诺项目经费全部用于与本项目研究工作相关的支出，不得违反项目经费使用负面清单。

第五条 包干制的项目经费管理建立信息公开机制。非涉密项目的立项、主要研究人员、经费使用（大型仪器设备购置、绩效支出、外拨经费、结余经费使用等）、经费决算、研究成果等情况，在本单位进行内部公开，接受内部监督。

第六条　包干制的项目经费使用实行负面清单管理（具体负面清单详见下一节"科研项目经费管理规范"）。

二、科研项目经费管理规范

"放管服"政策的落地实施，大大简化了相关审批流程，进一步将科研经费的自主使用权下放到课题负责人，为提高科研工作效率、加快自主创新步伐赋予了新动能。但是也必须看到，仍然存在个别人员对经费使用政策不知情、对细节条款把握不准确的问题，甚至一不小心踩了红线，做了违纪违法的行为。为此，国家有关部门针对上述情况，对科研项目经费的管理作出了更清晰的规范指引。

第一，《国务院关于改进加强中央财政科研项目和资金管理的若干意见》（国发〔2014〕11号）对科研经费的资金管理提出"五不得"的要求：

（1）不得擅自调整外拨资金。

（2）不得利用虚假票据套取资金。

（3）不得通过编造虚假合同、虚构人员名单等方式虚报冒领劳务费和专家咨询费。

（4）不得通过虚构测试化验内容、提高测试化验支出标准等方式违规开支测试化验加工费。

（5）不得随意调账变动支出、随意修改记账凭证、以表代账应付财务审计和检查。

第二，2021年9月底，新修订的《国家自然科学基金资助项目资金管理办法》《国家重点研发计划资金管理办法》规定，项目资金管理使用不得存在以下十种行为：

（1）编报虚假预算。

（2）未对项目资金进行单独核算。

（3）列支与本项目任务无关的支出。

（4）未按规定执行和调剂预算、违反规定转拨项目资金。

（5）虚假承诺其他来源资金。

（6）通过虚假合同、虚假票据、虚构事项、虚报人员等弄虚作假，转移、套取、报销项目资金。

（7）截留、挤占、挪用项目资金。

（8）设置账外账、随意调账变动支出、随意修改记账凭证、提供虚假财务会计资料等。

（9）使用项目资金列支应当由个人负担的有关费用和支付各种罚款、捐款、赞助、投资、偿还债务等。

（10）其他违反国家财经纪律的行为。

第三，2022年，广东省科学技术厅和省财政厅联合发布《关于深入推进省基础与应用基础研究基金项目经费使用"负面清单＋包干制"改革试点工作的通知》中明确了在广东省基金项目中全面开展经费使用"负面清单＋包干制"改革试点，也明确了经费使用的"十不得"要求（此处可供广东省以外地区的读者借鉴）：

（1）不得用于与本项目研究工作不相关的支出。

（2）不得通过虚构经济业务（如测试、材料、租车、会议、差旅、餐费、交通、印刷等业务）、编造虚假合同、使用虚假票据套取资金。

（3）不得通过虚列、伪造人员名单等方式虚报冒领劳务费、专家咨询费。

（4）不得通过虚构合作、协作等方式违规转拨、转移项目经费。

（5）不得截留、挪用、侵占科研项目经费。

（6）不得列支个人或家庭费用。

（7）不得支付各种罚款、捐款、赞助、投资，偿还债务等。

（8）不得全部列支设备费。

（9）不得列支基建费。

（10）不得用于其他违反国家法律法规、违背科学共同体公认道德等行为的支出。

第四，资金使用"负面清单"。根据国家相关文件规定，项目经费严禁用于违反国家法律法规的行为，用于从事违反中央八项规定精神等要求的行为，用于违背科学共同体公认道德的行为，严禁管理失职造成财政资金浪费或损失。以上可归纳为资金使用"负面清单"，列入清单的相关行为须明确禁止：

（1）设备费中列支通用办公设备。

（2）业务费中列支普通办公耗材、通用操作系统及办公软件；委托不具备相关资质或经营范围不符的单位开展测试化验加工任务等违规转包；超标准列支会议费或列支与会议无关的其他费用。

（3）以假借参与项目研究的研究生、博士后、访问学者以及临时聘用的研究人员、科研辅助人员、财务助理名义或虚构人员名单等方式冒领套取劳务费；超范围、超标准发放专家咨询费和劳务费等；以劳务费形式发放应由单位承担的其他人员工资等。

（4）项目资金未按规定进行单独核算，无故随意调整外拨资金，列支与项目无关的设备费、材料费、测试化验加工费、专利年费、版面费、差旅费、会议费等费用。

（5）以材料费、测试化验加工费等名义向存在利益输送关系的关联单位或特定关系人等变相转拨项目经费。

（6）其他法律、法规以及政策文件或依托单位明确不得开支的内容。

第四节　科研财务助理日常工作概述

科研财务助理的主要职责是为科研人员或课题组在预算编制、经费报销、课题答辩、结题审计等方面提供财务专业化服务。在实际工作中，科研财务助理还需要协助完成大量与科研项目有关的事务性工作，在项目申报立项、研究开发、结题验收的全流程发挥应有的作用。具体工作内容，由课题组负责人结合工作需要合理安排。在项目研究的不同阶段，科研财务助理一般要负责的具体工作如下。

1. 收集申报指南

协助科研人员或课题组收集申报指南信息，了解申报条件、申报要求和限项规定，需要先自行评估本课题的研究方向、专业领域、人员构成等要素是否在申报范围之内，进而判断本单位是否符合申报条件的基本要求，如单位规模、研发实力、财务状况、营业执照注册年限要求等。向科研项目负责人（principal investigator，PI）汇报本课题是否符合申报条件，以及进行申报的可行性评估。

2. 编制预算并协助填报申请书

（1）编制项目预算。项目负责人确定选题、项目研究内容后，科研财务助理就要开展预算编制工作，项目预算是预算核定、执行、监督检查和财务验收的重要依据。应按照拟申报项目类别的《项目资金管理办法》《项目指南预算编报要求》等制度文件与预算编制有关的规定，根据"目标相关性、政策相符性、经济合理性"的基本原则，结合项目研究实际需要，认真据实编制。目前，绝大部分科技计划项目直接费用预算精简为设备费、业务费、劳务费三大类，并且除设备费外，只提供基本测算说明。即使在实行"包干制"的项目中，申请人无须向立项部门填报项目具体预算，但在课题组内仍需要通过编制细化的项目预算来评估完成项目任务所需要的经费，并作为日后开展研究工作、执行资金使用进度的依据。

（2）签订合作协议。对于有合作单位共同申报的项目，科研财务助理要根据合作各方承担的研究内容和项目任务，协调分配各单位的预算额度，同时请各合作单位分别编制预算，由牵头单位做好整个项目的预算合并工作，并签订合作协议，约定好本项目经费的预算额度分配、应承担的自筹配套经费，申报数与预算下达不一致时经费如何分配，以及准确核算专项经费、对经费使用进行规范性约束等。科研财务助理如何从财务会计的角度遴选合格、放心的合作单位或委托单位，以确保合作单位有能力完成研究或工作任务，确保科研经费安全、有序、合规地使用，本教程第九章有专门的内容进行辅导。

（3）配套经费承诺书。对于在申报指南中明确要求承担单位需要投入配套资金的项目，科研财务助理应首先掌握指南中的配套要求。不同类型的科研项目，其配套要求有所区别。有的是按财政与其他资金 1∶1 或 1∶2 配套；部分类型的项目只要求项目承担或参与单位是企业的才需要配套，具体配套金额按企业在项目中获得的财政资金额度来计算。在掌握申报指南的经费配套要求后，科研财务助理还应了解所在单位的科研配套经费政策，计算自己课题组能筹集到的用于配套的资金额，再填报配套经费承诺书。配套经费承诺要注意的是，配套资金必须是真实使用的，配套资金在项目结题时是按实际支出来考核配套承诺的完成情况，而不是只按拨入项目账户的资金计算。配套资金支出完成情况不足的，有被质疑以虚假承诺套取国家财政资金的可能。

（4）设备询价调研。大部分类型的项目要求设备费预算达到一定额度（如国家自然科学基金项目要求设备费 50 万元以上的）时，需要提供明细说明，科研财务助理就需要对课题拟采购的设备向有关的供应商进行询价调研。

（5）登录网上申报系统，完成课题申报材料的填写，上传附件并在截止时间前提交。

3. 评审答辩准备

对需要进行答辩的项目，科研财务助理要准备好与预算编制有关的资料、单位财务管理制度等，以应对财务专家的询问；课题合作单位是企业时，还要准备合作企业上一年度由会计师事务所出具的财务审计报告，以证明企业有经济实力和持续经营能力来完成研究任务。

4. 填写合同任务书

填写合同任务书时，要注意当预算下达数与申报数不一致时，应根据实际情况请示项目负责人后按批复的金额重新编制预算填写，同时要注意新预算中设备费的比例不能高于原申报书的设备费比例。有合作单位的，要根据合作协议中约定的经费分配比例填写各承担单位具体金额。

5. 经费到账及使用

项目经费下达后，科研财务助理要及时到单位财务部门办理入账，并按合同任务书注明的单位名称和预算金额及时转拨合作单位，承担单位和合作单位都必须为每个课题独立建账，如有承诺配套经费的，配套经费也必须按每个课题独立建账，做到专账核算、专款专用。到账经费要按进度及时执行，避免临结题前突击花钱。特别注意一点：设备费必须尽快使用，临近结题时才购买的设备有可能被认为是非本项目所需要的设备，存在相应支出不被确认的风险。

科研经费管理"放管服"改革后，大部分类型的项目预算调整已经放权到承担单位甚至课题负责人，科研财务助理应及时跟踪各类经费的使用进度和结余金额，按项目下达部门和所在单位管理要求适时做好预算调整工作，保存好预算调整审批材料以备结题验收时使用。

本教程的第四章还有专门的章节详细介绍涉及经费管理与科研财务工作的具体内容。

6. 年度报告

实施周期三年以下的自由探索类和基础研究纵向项目，一般不开展中期检查，只需要在相关科技计划管理系统提交年度报告。不管是年度报告还是中期检查，科研财务助理均需做好项目报告及所需的经费到位及使用情况报告，对使用进度较慢甚至完全未使用等情况作出合理解释。

7. 申请结题

使用财政资金的纵向科技计划项目采用综合绩效评价方法开展项目验收，

将技术验收与财务验收合二为一。科研财务助理应全面了解本课题组名下各个项目的结题时间，必要时列出时间表备忘，做到心中有数，经常提醒课题组主要成员关注研究进度和经费执行情况。项目申请结题时，科研财务助理负责编制项目财务决算，打印项目支出明细，按验收部门要求调取、复印财务凭证；有合作单位的，要及时要求合作单位提供支出明细和财务凭证，并加盖合作单位财务专用章，将所有单位收支情况合并编制整个项目的财务决算；有承诺配套经费的，配套经费需单独编制财务决算；对于需要进行审计的项目，应按验收部门要求，提前联系具备资质的会计师事务所进行专项审计，取得审计报告后连同其他结题材料一并提交申请验收。

8. 结题后经费处理

提交项目财务决算表后，项目经费应暂时冻结，不要再发生支出。项目结题验收为通过的，绝大部分类型的科技计划现行规定，结余经费可留承担单位和合作单位用于后续研究工作，具体处理方式由各单位自行规定。如未通过结题验收，要将财务决算余额退回经费下达部门。被认定经费使用存在严重违规的，甚至有可能被要求全额退回项目经费。因此，合法合规使用科研经费非常重要。

9. 横向科研合同管理

各级科技计划的合同任务书基本上都是政府主管部门制定的格式合同或范本合同，科研人员按规定要求和申请时的承诺填报即可，只要没有违法违规，即使在规定限期内未完成合同任务，其经济责任一般仅是退回下达的项目经费。但横向科研合同存在或涉及的经济责任远远超过项目经费的风险，在签订前必须按流程经单位经济合同管理部门审核，重大横向科研合同甚至应请所在单位的法律顾问把关。

10. 课题组其他科研财务相关工作

科研财务助理除要完成与科研项目直接相关的经费管理工作外，通常还要帮助课题负责人做好课题组成员、博士后、研究生等的薪酬、科研绩效、津贴申报发放；课题组实验室设备、设施的固定资产管理；科研经费开支的报账、科研耗材物资的采购与结算；项目财务档案的归档保管等相关工作。

第五节　其他与科研工作密切相关的知识要点

一、专利知识介绍和申请专利指南

（一）科技成果种类及权属

科技成果是指通过科学研究与技术开发而产生的具有实用价值的成果，包括发明专利、实用新型专利、外观设计专利、软件著作权、技术秘密、集成电路布图设计、生物医药新品种等。知识产权，也称为"知识所属权"，是指权利人依法对其所创造的科技成果享有的财产权利。

职务科技成果是指执行所在单位工作任务、承担各类科研项目，或者主要利用单位的物质技术条件所完成的科技成果。职务科技成果的知识产权归属所在单位，科技人员作为发明人享有署名权以及获得奖励和报酬的权利。2020 年，科技部等 9 部门印发《赋予科研人员职务科技成果所有权或长期使用权试点实施方案》的通知（国科发区〔2020〕128 号），规定试点单位可以结合本单位实际，将本单位利用财政性资金形成或接受企业、其他社会组织委托形成的归单位所有的职务科技成果所有权赋予成果完成人（团队），试点单位与成果完成人（团队）成为共同所有权人。

高校或科研院所与企业、其他社会组织合作的科研项目产生的科技成果，应该在科研项目合同中约定知识产权的归属和使用，知识产权的归属有单方拥有、合作各方共同拥有、合作各方各自拥有三种方式。

（二）申请知识产权的注意事项

（1）科技人员及科研助理在申请发明专利或软件著作权等知识产权时要注意职务科技成果的申请人（权利人）一般是所在单位，如果所在单位已经建立了职务科技成果赋权制度，可按相应制度签署书面协议赋予成果完成人（团队）职务科技成果所有权或长期使用权。

（2）签订科研项目合作协议或合同时，应该约定项目产生的知识产权归属，通常是按各方投入的资源约定知识产权的分配。对于接受委托进行技术开发的，如果约定知识产权归属委托方，委托方投入的资金一般要达到项目全部研究成本的 130% 以上。

（三）专利权申请

专利权是知识产权最重要的一个类别，专利分为发明专利、实用新型专利、外观设计专利三类，由国家知识产权局受理中国专利的申请并审查、授权。国家知识产权局同时依据《专利合作条约》（*Patent Cooperation Treaty*，PCT）受理 PCT 国际申请。申请人只要提交一份 PCT 国际申请，即可同时在该条约所有成员国中要求对其发明创造进行保护。

科研人员经所在单位同意后，可自行或委托专利代理机构向国家知识产权局递交专利申请。

专利权包括如下几项权利：

（1）专利申请权；

（2）专利独占实施权；

（3）专利转让权；

（4）专利许可权；

（5）还包括标记权、请求保护权、放弃权等其他权利。

专利权在从授权公告之日起到专利权期限届满之日期间受法律保护。根据我国专利法的规定，发明专利权的期限为二十年，实用新型专利权的期限为十年，外观设计专利权的期限为十五年，均自申请日起计算。从专利权授权公告之日起，如无因其他事由造成专利权终止的，则该专利权到专利权期限届满之日终止。

已经获得授权的专利必须按规定及时缴纳专利年费，没有按时缴纳年费的，由国家知识产权局公告专利权在期限届满前终止。

二、科技成果转移转化工作基本知识

为落实创新驱动发展战略，促进科技成果转移转化，支持科技创新，国家明确了加速科技成果转移转化的政策导向，鼓励将科技成果及时转化为生产力，进一步加大科技成果转化有关国有资产管理授权力度。下面将简单介绍目前国家在科技成果转移转化的相关知识要点和要求。

1. 转化方式

可以通过研发合作，向他人转让科技成果，许可他人使用科技成果，以科技成果作价投资、折算股份或者出资比例，以及国家允许的其他转移转化方式。

2. 定价方式

按照国家规定，除存在关联关系、成果完成人主动要求资产评估以及以作价投资方式进行转化外，对拟转化科技成果无须进行资产评估，可通过协议定价、在技术市场挂牌交易、拍卖以及组织专家论证等定价方式确定交易价格。

关联关系指成果完成人与受让方存在直接或间接权益或利害关系，包括但不限于成果完成人为受让方的法定代表人、董事、股东、监事、高管、合伙人或近亲属等。其中，近亲属包括配偶、父母、子女、兄弟姐妹、祖父母、外祖父母、孙子女、外孙子女。在实务操作中，成果完成人配偶的父母、同胞兄弟姐妹等，亦列入利害关系人的范围，从而构成关联关系。

对存在关联关系的成果转移转化项目，应在资产评估基础上，采取在技术市场挂牌交易或拍卖的方式定价。

3. 科技成果转移转化流程

（1）通过协议定价进行成果转化的，可由成果完成人、单位成果管理部门和资产管理部门与受让方协商价格；也可先进行资产咨询、评估后再协商价格，交易价格原则上不低于评估价。转移转化合同经公示后，按单位审核流程审批过后方可签订。

（2）通过资产评估和挂牌交易或拍卖进行成果转化的，选择有资质的第三方机构进行科技成果资产评估，并在有资质的技术市场以挂牌交易或拍卖等市场化方式确定最终成交价格。转移转化合同经公示后，按单位审核流程审批过后方可签订。

（3）通过作价投资方式进行科技成果转化的，成果完成人、单位的成果管理部门和资产管理部门与投资合作方拟定作价投资项目方案，并委托第三方机构对科技成果进行资产评估。

单位的资产管理部门牵头负责对投资方进行尽职调查，并与成果完成人、投资合作方就项目投资总额、科研成果作价所占比例、股东责任与权利等事宜进行洽谈协商，形成科技成果作价投资项目方案和合同。经单位成果管理部门、财务管理部门、审计和法规部门论证审核，转移转化合同经公示后，按单位审核流程审批过后方可签订。

（4）转让或许可合同签订后，由受让方按合同条款履行付款义务，单位成果管理部门协助成果完成人向相关管理部门办理许可备案、知识产权变更及合同认定登记等后续事宜。

选择以科技成果作价投资的，由合作各方签署发起人协议和公司章程等，并与投资方办理企业注册登记手续；财务和成果管理部门办理后续资产划转事宜。

为避免经营风险，科技成果作价投资也可采用股权加现金的形式，股权作为成果完成人的奖励，现金作为单位收益。这是为了在保障国有资产安全的前提下，激发科研人员创新创业的积极性。

（5）以许可或转让方式进行科技成果转移转化的，可采用一次性付款、按年度付款或按阶段性指标付款等方式。在合同中需约定许可期限和撤销许可条件或转让手续办理条件。

4. 奖励和收益分配

《促进科技成果转化法》第四十五条明确规定，科技成果完成单位对完成、转化职务科技成果作出重要贡献的人员给予奖励和报酬。

（1）将该项职务科技成果转让、许可给他人实施的，从该项科技成果转让净收入或者许可净收入中提取不低于百分之五十的比例。

（2）利用该项职务科技成果作价投资的，从该项科技成果形成的股份或者出资比例中提取不低于百分之五十的比例。

（3）将该项职务科技成果自行实施或者与他人合作实施的，应当在实施转化成功投产后连续三至五年，每年从实施该项科技成果的营业利润中提取不低于百分之五的比例。

法律规定的是不低于百分之五十的比例用于奖励和报酬，各科技成果完成单位可以制定相关规定，约定奖励和报酬的方式、数额和时限。目前，在实际操作中，大部分地区和单位都将比例提高到百分之七十以上。

担任单位正职领导是科技成果主要完成人的，可以给予现金奖励，原则上不得给予股权激励；其他担任领导职务的科技人员，是科技成果主要完成人的，可以给予现金、股份或出资比例等奖励和报酬。对担任领导职务的科技人员的科技成果转移转化收益分配，需公示其在成果完成和转化过程中的贡献情况及拟分配的奖励、占比情况等，还应进行个人收入和重大事项申报。

三、注册临床试验项目与经费管理

临床试验是以患者为主要研究对象，对疾病的诊断、治疗、预防及干预措施进行的科学研究。注册临床试验是企业为其生产的药品或器械获准注册上市而向政府主管部门申请进行的临床试验。注册临床试验项目由企业作为申办方提供经费及保障，委托有临床试验机构资质的医院进行。由于注册临床试验项目涉及人体，国家有严格的管理法规，各医院也建立了专职的临床试验管理机构和管理制度，下面概括性介绍临床试验项目经费管理的框架性规范。

临床试验项目经费管理制度基本框架

第一条　注册临床试验项目经费是一类特殊横向科研经费，由于注册临床试验的特殊性，通常制定专门的经费管理制度，适用于包括申办方/合同研究组织（Contract Research Organization，CRO）委托的临床试验。

第二条　注册临床试验项目由于需要按入组例数结算费用，一般签署包括基本费用、具体项目单价、预计合同金额、首次付款金额等的项目合同，设立《药物临床试验质量管理规范》（Good Clinical Practice，GCP）专项，分类管理和使用。

第三条　临床试验项目合同中费用的组成

（一）受试者费用：按照研究方案和合同规定应用于受试者的相关费用，包括检查费、药费、住院费、治疗费、材料费、陪工费以及交通、营养等补偿和发生不良事件（adverse event，AE）或严重不良事件（serious adverse event，SAE）的赔偿费用。

（二）研究者费用：用于支付研究人员治疗及观察受试者的临床研究绩效，刻盘、阅片、标本制作、药物配制费，以及实验室检测费等。

（三）测试化验加工费、材料费、设备费：根据研究方案要求，需要在实验室进行的测试化验加工及所需材料、仪器维修保养等费用。

（四）数据管理及统计费：主要用于统计方案设计、数据库设计、数据输入与处理、统计，以及硬件设备及软件的配备和更新等。

（五）院外临床研究协调员（clinical research coordinator，CRC）培训、支撑费：用于院外CRC的培训及基本工作设施如电脑、打印机提供等。

（六）药物管理人员/技术员劳务费：用于聘用临床研究相关人员的人力成本。

（七）其他费用：以上未能涵盖的特殊的、需要收费的项目或特殊情况等（立项费、档案费等）。

（八）牵头费：多中心临床试验组长单位的牵头费用。

（九）医院管理费：医院为研究项目提供房屋及大型设备等基础设施的占用、日常水电消耗、管理及相关人员人力成本、临床研究人员的培训、药物管理等有关费用的支出。

（十）合同税费：国家或地方税务政策规定的税费支出。

（十一）上列费用科目及内容一般根据研究项目是否注册临床试验组长单位等实际情况收取。

第四条 注册临床试验各类费用的收费标准

（一）受试者费用标准参照政府定价执行，非常规诊疗项目按实施成本协商制定标准，补偿费用由伦理委员会、临床研究管理部门制定标准，赔偿费用按协商或法律途径裁定。按例次或按单项费用编制预算，按实际发生额实耗实销进行结算。政策、市场价格变动时，与申办方/CRO 重新协商价格，并签署补充协议。

（二）研究者费用中临床研究绩效，阅片、标本制作、药物配制费，实验室检测费以及数据管理及统计费等，按照所在医院制定的预算编制指导标准，根据试验方案的难易程度、风险、工作量，由研究者与申办方协商制定。

（三）测试化验加工费、材料费、设备费按照国家或行业收费标准，由承接任务的实验室根据实际需要编制。

（四）院外 CRC 培训、支撑费：一般按照每年 8 000 ～ 10 000 元/人收取。

（五）其他费用：对于临床试验项目立项前期投入的评审等立项管理成本，按是否为组长单位分档定额收取立项费。需所在医院提供档案保管的，按保管年限定额收取档案保管费。

（六）牵头费：由牵头的研究者与申办方或资助方协商确定。

（七）医院管理费：按合同金额（受试者发生 AE 或 SAE 的赔偿费除外）的 15% ～ 20% 收取。

（八）合同税费：按国家税务标准收取。

第五条 经费使用与审批程序

（一）受试者费用应实报实销，不得作为临床研究绩效或劳务费进行分配，由研究者签批。

（二）项目组临床研究绩效

1. 按照合同要求和研究进度，分批进行临床研究绩效分配；未结题的项目，应留有一定的余额；因质量问题不能结题的项目，暂缓分配。

2. 研究者提出临床研究绩效分配方案并填写临床研究绩效报领表，由临床研究管理部门负责人签批。

（三）测试化验加工费、材料费、设备费及聘请人员劳务费等由研究者签批。

第六条 临床试验项目经费清算

由于临床研究项目实施存在不可精准预算的特点，项目结题前，临床研究管理部门、研究者与申办方/CRO/研究发起方应共同核算实际发生费用总额，做好结题的费用清算。如项目实际发生费用与合同已付金额存在差异，研究者应及时按合同向申办方/CRO/研究发起方追收费用或根据相关流程处理退款。发生退款时，原则上收款方已开具发票并已缴纳税费的，税费部分不予退回，因为已缴纳的税费上缴国库后，再从国库办理退税（费）是不现实的。

四、国际科研合作与交流项目经费管理简介

当前全球科技创新合作面临着前所未有的机遇和挑战，我国一向秉持"合作共赢"理念，反对"零和博弈"思维，科技创新领域的国际合作力度不断加大，合作机制不断完善。如国家自然科学基金有国际（地区）合作研究项目，包括组织间国际（地区）合作研究项目和重点国际（地区）合作研究项目；省市科技计划也设有国际科技合作专题项目。企业、科研机构、智库、非政府组织等民间社会经济组织的国际合作交流活动更加丰富多样。申请国际科研合作交流项目需要注意的是，除报单位科技管理部门审批外，还要按各单位的相关制度报请外事管理部门审批。同时，合作交流中如果涉及人类遗传资源标本或数据出境的，需报科技部人类遗传资源管理部门审批。科研人员到境外开展研究工作或参加学术活动，属于因公临时出国（境）的范畴，须按规定上报，并经上一级外事部门审批后才能出发，科研财务助理应按照团队出行人员的日程安排，提前做好行程规划及预留足够的申报审批时间，以免耽误出访行程。

国家及省市科技计划中的国际（地区）合作研究项目经费按纵向科研项目管理，企业、科研机构、智库、非政府组织等民间社会经济组织的国际合作项目经费按横向科研项目管理。

五、科研财务助理应知晓的生物安全常识

科学研究是一项复杂的系统工程，而生物医学的科学研究由于涉及人体、动物和病原微生物，存在伦理和生物安全风险，科研财务助理在协助科研人员进行项目申报和研究时，应该认真学习和执行《中华人民共和国生物安全法》，自觉从维护国家和民族安全的高度，加强生物安全意识和伦理意识的培养。

1. 生物技术研究、开发与应用安全

国家对生物技术研究、开发活动实行分类管理。根据对公众健康、生态环境等造成危害的风险程度，将生物技术研究、开发活动分为高风险、中风险、低风险三类，由各主管部门制定风险分类标准及名录。从事高风险、中风险生物技术研究、开发活动，应当依法取得批准或者进行备案。

从事生物技术研究、开发与应用活动，应当符合伦理原则。在申报项目和进行研究时，如果涉及人体、动物，特别是生物医学新技术的临床研究，应当通过所在单位伦理委员会的科学性审查和伦理审查，取得伦理审批后才能开展。

2. 病原微生物实验室生物安全

部分科学研究会涉及病原微生物，国家将微生物分成四类进行管理：第一类，能够引起非常严重疾病的微生物；第二类，能够引起严重疾病，比较容易直接或间接传播的微生物；第三类，能够引起疾病但传播风险有限，并且具备有效治疗和预防措施的微生物；第四类，通常不会引起人类或动物疾病的微生物。第一、第二类又称为高致病病原微生物。

相应地，病原微生物实验室也按生物安全防护等级分成 P1、P2、P3、P4四级，设立病原微生物实验室，应当依法取得批准并进行备案。只有具备相应等级的病原微生物实验室条件，才能进行涉及相应等级病原微生物的研究。

3. 人类遗传资源与生物资源安全

人类遗传资源分为人类遗传材料和人类遗传信息，科研工作中涉及各类患者的生物标本如血液、尿液、组织液、组织切片等含有人体基因组、基因，所以都属于人类遗传材料，而包含基因、基因组数据的临床科研数据属于人类遗传资源信息。B超、CT等临床图像数据和血常规、血生化等临床数据不属于人类遗传资源信息。

所有科研人体样本和遗传信息的采集、利用和对外提供都必须先通过科学性审查、伦理审查后再进行立项。从事下列活动，应当通过科技部政务服务平台报批获准后才能开展：

（1）采集我国重要遗传家系、特定地区人类遗传资源或者采集国务院科学技术主管部门规定的种类、数量的人类遗传资源；

（2）保藏我国人类遗传资源；

（3）利用我国人类遗传资源开展国际科学研究合作；

（4）将我国人类遗传资源材料运送、邮寄、携带出境。

在国内医院等临床试验机构利用我国人类遗传资源开展国际合作临床试验、不涉及人类遗传资源出境的，在开展临床试验前应当将拟使用的人类遗传资源种类、数量及用途向科技部备案。

将我国人类遗传资源信息向境外提供或者开放使用的，比如投稿发表含遗传信息的论文、将基因组数据上传到境外信息平台等，应当通过科技部政务服务平台向科技部事先报告并提交信息备份；可能影响我国公众健康、国家安全和社会公共利益的，还应通过科技部组织的安全审查。

本章小结

本章系统介绍了我国科研项目体系的构成、发展沿革、运行机制和管理体制，详细阐述了科研经费管理的现状和改革动向、科研经费管理制度的基本框架、科研财务助理的日常工作内容、工作流程和注意事项等与科研财务助理工作息息相关的基本科研知识，旨在帮助科研财务助理打下科研基本功；同时，对专利和知识产权、科技成果转移转化、临床试验、国际合作与交流项目经费，以及科研项目可能涉及的生物安全常识也作了简单介绍，有助于进一步扩大科研财务助理的视野和知识面。这些内容紧扣科研财务助理的工作职责范围，有助于全面了解科研工作。

第四章
科研财务助理应掌握的财务知识

学习指引

　　帮助科研财务助理了解会计最基本的概念和原理，掌握办理科研财务相关业务的知识要点和注意事项，同时初步了解财务制度，以及科研物资的管理规范。希望通过本章的学习，把科研财务助理领入财务工作的大门，为日后提高工作效率和质量打下基本功。

第一节　财务会计基本常识之概念与原理

一、会计的含义

　　会计经过几千年的发展，由最初的简单刻画到有章法的记录，由兼职会计发展到专职会计，由官厅会计走向民间会计，由单式簿记发展到复式簿记，形成了一套完整的逻辑、程序和方法体系。但要确切回答会计是什么，还是一件有难度的事情。因为每个时代，不同的人或组织所掌握的信息来源和对问题的认知不同，就会产生不同的观点。

　　我们可以从字面和学术两个维度来理解会计。字面上，"计"有数数的含义，可看成计量和计算；"会"有会合、聚集之意，可理解为汇总，两个字合在一起有汇总盘算的意思。这是对会计字面的最原始和直白的解读。

　　会计是通过相应的方法和措施，以货币为计量单位对单位经济活动进行核算与监督的经济管理工作，其最终目的是实现经济效益的增长。会计一方面将相应的信息提供给应用者，另一方面负责核算与监督经济活动。

二、会计的基本职能

会计的职能就是会计本身所具有的能力。马克思将簿记（包括填制凭证、登记账目、结算账目、编制报表等，是会计的初级阶段）归纳为"过程的控制和观念总结"。学术界一般将"控制"解读为监督或者管理；对"观念总结"的理解，则为核算或者反映，即用观念上的货币对再生产过程所发生的经济活动进行综合反映。[①]《中华人民共和国会计法》（简称《会计法》）第五条明确会计的定位为"进行会计核算，实行会计监督"。因此，我国学术界一般认为核算和监督是会计的两个基本职能，这两个职能体现了会计的本质特征。

会计核算职能也可以称为反映职能，即利用会计独有的流程与逻辑，以货币为计量单位，通过相应的方式完整、连续、精准、快速和系统地记录、计算并报告经济活动过程与结果。记录、计算和报告就是会计的核算职能。例如，单位的某课题组采购一批实验耗材，会计人员根据采购合同、购买发票、入库单等原始凭证，确认该批实验耗材的数量及单价，记入科研项目相关费用中。

会计核算过程中通常以货币为计量尺度，核算真实发生的经济业务，是对单位经济活动的全面性反映。会计核算具有系统性、连续性和完整性等特征。

会计监督职能也可以称为控制职能，是指会计人员在核算过程中监督控制相应主体的经济活动，确保核算科学、合理、合法和真实，进而为主体资金的安全性、信息的真实可靠性以及经营的合规性等提供保障。例如，单位的课题经费负责人到外地出差交流，带回住宿费、交通费发票到单位会计部门报销差旅费。会计人员首先要对科研人员的出差行为是否属于本科研项目开展研究工作的需要进行审查，如果不是，所有费用不予报销；如果是，则进入费用审核流程：

第一步，辨认各种单据凭证的真伪。

第二步，合计确认所有合格原始凭证的金额。

第三步，对比相关差旅费标准，核准同意报销的金额。

---

① 吴建新：《对现代会计基本职能的再认识》，《会计师》2011 年第 9 期，第 7、8 页。

第四步，交予出纳支付款项。

第五步，将报销金额计入相关费用支出制作会计凭证。

在这个过程中，相关人员都要签名，填写业务发生时间，以备日后出现差错或问题时追溯。

综上所述，会计职能最主要的就是核算与监督，"脱离核算的会计并非真正的会计，也就无法进行监督，会计工作是以核算为基本前提；脱离监督的会计就没有生命，会计工作以监督为灵魂"。①

三、会计要素及会计科目

单位会计要素包括财务会计要素和预算会计要素。财务会计要素包括资产、负债、净资产、收入和费用。预算会计要素包括预算收入、预算支出和预算结余。

根据《政府会计制度——行政事业单位会计科目和报表》，财务会计科目分为资产类、负债类、净资产类、收入类、费用类，预算会计科目分为预算收入类、预算支出类、预算结余类。

资产是指单位占有或者使用的，能以货币计量的经济资源。资产包括流动资产、固定资产、在建工程、无形资产等。其中，流动资产是指可以在一年（含）以内变现或者耗用的资产，包括现金、各种存款、零余额账户用款额度、应收及预付款项、存货等。根据中华人民共和国财政部令第108号《事业单位财务规则》第四十一条，固定资产是指使用期限超过一年，单位价值在1 000元以上，并在使用过程中基本保持原有物质形态的资产。单位价值虽未达到规定标准，但是耐用时间在一年以上的大批同类物资，也作为固定资产管理。固定资产分为六类：房屋及构筑物；专用设备；通用设备；文物和陈列品；图书、档案；家具、用具、装具及动植物等。

负债是指单位所承担的能以货币计量、需要以资产等偿还的债务。负债按照流动性分为流动负债和非流动负债。流动负债是指偿还期在一年（含）以内的短期借款、应交增值税、其他应交税费、应付职工薪酬、应付票据、应付账款、预收账款、其他应付款、预提费用等。

净资产是指资产扣除负债后的余额。净资产包括累计盈余、专用基金、权益法调整、本期盈余、本年盈余分配、无偿调拨净资产、以前年度盈余调

---

① 杨纪琬：《关于"会计管理"概念的再认识》，《会计研究》1984年第6期，第7-12页。

整等。

财务会计收入是指单位依法取得的非偿还性资金，以及从财政部门和其他部门取得的经费，包括财政拨款收入、事业收入、上级补助收入、附属单位上缴收入、经营收入、非同级财政拨款收入、投资收益、利息收入、租金收入及其他收入等。

财务会计支出是指为保障单位正常运转和完成工作任务所发生的资金耗费和损失。行政事业单位的支出包括业务活动费用、单位管理费用、经营费用、资产处置费用、上缴上级费用、对附属单位补助费用、所得税费用及其他费用等。

预算收入包括财政拨款预算收入、事业预算收入、上级补助预算收入、附属单位上缴预算收入、经营预算收入、债务预算收入、非同级财政拨款预算收入、投资预算收益、其他预算收入。

预算支出包括事业支出、经营支出、上缴上级支出、对附属单位补助支出、投资支出、债务还本支出、其他支出。

预算结余是指预算年度内，预算收入扣除预算支出后的资金余额，以及历年滚存的资金余额。

四、报账和冲账的区别与联系

报账是指个人因处理某项公务而发生支出业务后，由经办人按照相关规定，凭业务发生的原始单据（包括发票、付款账单等凭证）向财务部门提交申请，并领取现金或银行存款作为支出用途的一项经济活动。

【例1】张三在××年×月×日赴武汉出差，用公务卡支付了2 000元的机票款，回单位后填写差旅费报销单，经相关负责人审批后，到财务部门报销获取2 000元的资金，用于公务卡还款，这个过程就是报账。

而冲账则指把领用的款项（又称"请款"或"借款"）进行核销处理。

【例2】张三先向单位财务部门请款2 000元作为赴武汉出差的费用，结束出差后申请报销2 000元出差费用，并核销原先的请款2 000元，这就是冲账。

如果经办人请款了2 000元，实际出差只花费了1 500元，那么出差结束后申请报销其中1 500元的差旅费用，此时1 500元与请款的2 000元中的一部分相抵，也就是说冲账了1 500元。而剩下的500元需要经办人退回单位财务部门，清缴并核销自己的请款，在财务上这叫作"请款返纳"。

五、资金和经费的区别与联系

资金是某个单位或组织拥有的款项或收益，而经费一般是有特定经费来源的款项。经费一般具有来源于财政、上级部门、基金会、民间组织，用于特定事项以及需要单独核算的特点。经费按来源可分为财政拨款经费、科研经费等。财政拨款经费一般用作单位为完成工作任务而支出的经常费用，而科研经费泛指各种用于发展科学技术事业而支出的费用，通常由国家相关部门、基金会、民间组织、公司等委托方对申请报告进行筛选，提供给申请者用于解决特定科学技术和技术问题的经费。

六、费用和成本、直接成本与间接成本的区别与联系

费用主要按经济用途分类，指在当期与收入配比的支出，比如劳务费、差旅费、会议费等。而成本按一定的产品或劳务对象归集，以医院为例，主要指医院在开展医疗服务过程中发生的各种消耗，包括人力、设备、物资等。成本又分为直接成本和间接成本。

直接成本是指生产费用发生时，能直接计入某一成本计算对象的费用。某项费用是否属于直接计入成本，取决于该项费用能否确认与某一成本计算对象直接有关，以及是否便于直接计入该成本计算对象。例如对公立医院而言，直接成本是指能确定由某科室负担的费用，包括人员经费、卫生材料费、药品费、固定资产折旧费等可以直接计入科室的成本。间接成本是指生产费用发生时，不能或不便直接计入某一成本计算对象，而需先按发生地点或用途加以归集，待月终选择一定的分配方法进行分配后才计入有关成本计算对象的费用。例如对公立医院来说，间接成本是指不能直接计入某科室的费用，医院根据业务特点、重要性、可操作性等因素，选择合理的分配方法将科室间接费用分配至相关科室。

对于科研项目组而言，在开展科学研究过程中发生的费用及消耗，也可以分为直接费用和间接费用。直接费用包括设备费、材料费、测试化验加工费、燃料动力费、差旅费、会议费、国际合作与交流费、出版/文献/信息传播/知识产权事务费、劳务费、专家咨询费、其他支出等。间接费用包括承担课题任务的单位为课题研究提供的现有仪器设备及房屋，水、电、气、暖消耗，有关管理费用的补助支出以及绩效支出等。

虽然很多研究单位没有将科研成本纳入绩效考核的范围，但是，科研财务助理在日常工作中应该不断增强成本管控意识，努力为项目组减少各类消耗，降低科研成本，自觉为项目组和项目依托单位节约资金。

七、会计档案

会计档案是指会计凭证、会计账簿和财务报告等会计核算专业资料，是记录和反映单位经济业务发生情况的重要史料和证据，属于单位的重要经济档案，是检查单位过去经济活动的重要依据，也是国家档案的重要组成部分。①

会计凭证是记录经济业务、明确经济责任的书面证明（图4-1）。它包括自制原始凭证、外来原始凭证、原始凭证汇总表、记账凭证（收款凭证、付款凭证、转账凭证三种）、记账凭证汇总表、银行存款（借款）对账单、银行存款余额调节表等。

会计账簿是由一定格式、相互联结的账页组成，以会计凭证为依据，全面、连续、系统地记录各项经济业务的簿籍（图4-2）。它包括按会计科目设置的总分类账、各类明细分类账、现金日记账、银行存款日记账以及辅助登记备查簿等。

会计报表是反映单位会计财务状况和经营成果的总结性书面文件，主要有财务指标快报，月、季度会计报表，年度会计报表，包括资产负债表（表4-1）、收入费用表、现金流量表等。

其他会计核算资料属于经济业务范畴，包括与会计核算、会计监督紧密相关的，由会计部门负责办理的有关数据资料。如：经济合同、财务数据统计资料、财务清查汇总资料、核定资金定额的数据资料、会计档案移交清册、会计档案保管清册、会计档案销毁清册等。实行会计电算化的单位存贮在磁性介质上的会计数据、程序文件及其他会计核算资料均应视同会计档案一并管理。

---

① 刘丽霞：《气象部门电子会计档案管理》，《兰台世界》2016年第12期，第55-57页。

图 4-1　会计凭证样式

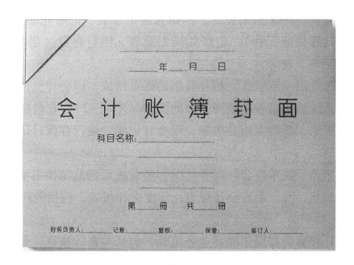

图 4-2　会计账簿封面样式

表 4-1　会计报表样式——资产负债表

编制单位：　　　　　　　　　　___年___月___日　　　　　　　　　单位：元

资产	行次	年初数	期末数	负债和股东权益	行次	年初数	期末数
流动资产：				流动负债：			
货币资金	1			短期借款	68		
短期投资	2			应付票据	69		
应收票据	3			应付账款	70		
应收股利	4			预收账款	71		

（续上表）

资产	行次	年初数	期末数	负债和股东权益	行次	年初数	期末数
应收利息	5			应付工资	72		
应收账款	6			应付福利费	73		
其他应收款	7			应付股利	74		
预付账款	8			应交税金	75		
应收补贴款	9			其他应交款	80		
存货	10			其他应付款	81		
待摊费用	11			预提费用	82		
一年内到期的长期债权投资	21			预计负债	83		
其他流动资产	24			一年内到期的长期负债	86		
流动资产合计	31			其他流动负债	90		
长期投资：							
长期股权投资	32			流动负债合计	100		
长期债权投资	34			长期负债：			
长期投资合计	38			长期借款	101		
固定资产：				应付债券	102		
固定资产原价	39			长期应付款	103		
减：累计折旧	40			专项应付款	106		
固定资产净值	41			其他长期负债	108		
减：固定资产减值准备	42			长期负债合计	110		
固定资产净额	43			递延税项：			
工程物资	44			递延税款贷项	111		
在建工程	45			负债合计	114		
固定资产清理	46						

（续上表）

资产	行次	年初数	期末数	负债和股东权益	行次	年初数	期末数
固定资产合计	50			股东权益：			
无形资产及其他资产：				股本	115		
无形资产	51			减：已归还投资	116		
长期待摊费用	52			股本净额	117		
其他长期资产	53			资本公积	118		
无形资产及其他资产合计	60			盈余公积	119		
				其中：法定公益金	120		
递延税项：				未分配利润	121		
递延税款借项	61			股东权益合计	122		
资产总计	67			负债及股东权益总计	135		

第二节　财务会计基本常识之进阶

一、税务知识

税收是国家凭借政治权力或公共权力，对社会产品进行分配的形式。税收是满足社会公共需要的分配形式，具有无偿性、强制性和固定性的特征。税收的无偿性是指通过征税，社会集团和社会成员的一部分收入转归国家所有，国家不向纳税人支付任何报酬或代价。税收的强制性是指税收是国家以社会管理者的身份，凭借政权力量，依据政治权力，通过颁布法律或政令来进行强制征收。如果出现了税务违法行为，国家可以依法进行处罚。税收的固定性是指税收是按照国家法令规定的标准征收的，都是税收法令预先规定了的，有一个比较稳定的适用期间，是一种固定的连续收入。税收按征税对象的不同，划分为货物劳务税、所得税、资源税和财产行为税。下面将对科研财务助理工作关联度较高的货物劳务税中的增值税、所得税中的个人所得税以及附加税作简单介绍。

1. 增值税

增值税是以从事销售货物或者提供加工、修理修配劳务以及从事进出口货物的单位和个人取得的增值额为课税对象征收的一种税。从计税原理上说，增值税是对商品生产、流通、劳务服务中多个环节的新增价值或商品的附加值征收的一种流转税，有增值才征税，没增值不征税。增值税实行的是"价外税"，也就是由最终端的消费者负担。

2. 个人所得税

个人所得税是国家对本国公民、居住在本国境内的个人的所得和境外个人来源于本国的所得进行征收的一种税。个人所得税的征收方式可分为按月计征和按年计征。个体工商户的生产、经营所得，对企业、事业单位的承包经营、承租经营所得，特定行业的工资、薪金所得，从中国境外取得的所得，实行按年计征应纳税额，其他所得应纳税额实行按月计征。个人所得税的征税内容包括工资、薪金所得、劳务报酬所得、稿酬所得、特许权使用费所得、经营所得，利息、股息、红利所得，财产租赁所得、财产转让所得、偶然所得和其他所得等。

计算方法：应纳税所得额＝月度收入－5 000 元（免征额）－专项扣除（三险一金等）－专项附加扣除－依法确定的其他扣除。①

个人所得税的工资、薪金所得部分，一般由所在单位的财务部门在发放时代扣代缴，在下一年度的 3 月份至 6 月份，需要进行个人所得税汇算清缴工作。目前，由国家税务总局发布的"个人所得税"手机 App 已在全国通行，纳税人的个人所得税办税业务均可实现线上办理和咨询。一般情况下，单位的财务部门会进行通知和提醒，并提供必要的指导和帮助，但必须由纳税义务人本人登录手机 App 进行操作。

个人所得税汇算清缴工作不仅可以使纳税人更充分地享受各项减免税优惠（特别是平时未申报的扣除项目，以及大病医疗等年度结束才能确定的扣除项目，可以通过办理年度汇算补充享受个人所得税的减免政策）；同时，通过年度个人所得税汇算，还可以准确地计算出纳税人综合所得全年应实际缴纳的个人所得税，多预缴了可予退还，少缴了则须补缴，对保障纳税人的

---

① 《中华人民共和国个人所得税法》。

合法权益、正确履行纳税义务均具有重要意义。

3. 附加税（费）

附加税（费）是"正税"的对称，意为随正税加征的税（费）。比较常见有增值税附加税，其附加税按照增值税税额的一定比例征收，通常包括城市维护建设税、教育费附加、地方教育费附加等。

二、发票知识

发票是指单位和个人在购销商品、提供或接受服务以及从事其他经营活动中，所开具和收取的业务凭证，是会计核算的原始依据。对于单位财务部门来讲，发票主要是做账的依据，同时也是缴税的费用凭证；而对于参加公务活动的员工来讲，发票主要是用来报销的。

公务完毕取得发票后，我们应对其进行必要的真伪辨别，尤其是金额在1万元及以上的大额发票。发票辨别真伪的操作步骤：①在网页搜索"国家税务总局"，点击进入"国家税务总局"官网；②在国家税务总局官网内找到"服务"下面的"发票查询"，点击进入；③在发票查询页面下输入发票代码、发票号码、开票日期、开具金额（不含税）、验证码后点击"查验"。出现发票开具相关信息则该发票为合规发票，如果出现"查无此票"，那该发票就可能是伪造发票。

在经济活动中使用虚假发票是严重的违法犯罪行为，商家开具假发票的目的一般是偷逃税款；对于用假发票报销报账的人来说，可能就是为了套取单位的资金而获取个人非法的经济利益。在报账业务中，可能存在"假业务、假发票""假业务、真发票""真业务、假发票"多种情况。"假业务、假发票"是指虚构经济业务，用虚假的发票来入账，内容与形式都不合法。"假业务、真发票"是指经济业务是虚构的，然后找到真实的发票来报销的情况，比如使用不是本人乘坐的出租车发票进行报账。"真业务、假发票"是指业务是真实的，但是报销的发票不符合要求，比如经办人购买了某种科研试剂，但是对方公司提供的是虚假的发票；或者经办人购买了某种科研试剂，在结算途中将对方开具的发票遗失了，为了报销自行寻找假发票。

身为科研财务助理，必须涵养良好的职业道德，廉洁自律，守住原则底线，严格使用"真业务、真发票"来如实报账。

三、增值税专用发票与普通发票

我国为了落实新增值税制度而使用增值税专用发票，对比普通发票，二者的区别在于：

（1）用途存在差异。增值税专用发票中进项税额可进行认证抵扣，而增值税普通发票只有特殊情况如农产品收购可以抵扣进项税额，其余情况都不可以抵扣。

（2）开票主体存在差异。一般纳税人可自行开具增值税专用发票，小规模纳税人对于增值税专用发票的代开必须向税务局申请并通过后才可以开具。

（3）开具要求存在差异。增值税专用发票的购买方开票信息更全面，需要填写购买方公司名称、纳税人识别号、开户银行名称与账号、公司地址与电话。

（4）发票联次存在差异。增值税专用发票常见的是三联：记账联（销售方记账用）、抵扣联（购买方认证抵扣用）、发票联（购买方记账用）。增值税普通发票常见的是两联：记账联（销售方记账用）、发票联（购买方记账用）。

四、电子发票

电子发票与纸质发票具有同等的法律效力。电子发票是在购买或销售商品、提供或接受服务，以及从事其他经营活动中，开具或收取的电子收付款凭证，是全新的无纸化发票形式。使用电子发票进行报账处理与纸质发票流程相同，但是报销时需要注意，需要先将电子发票打印出来，同时也要将电子发票相关明细及附件一并打印，随电子发票附上作为报销的原始凭据。电子发票可以在税务局网站查验电子发票真伪信息。需避免重复使用电子发票报销，这一点科研财务助理应该严格自律。

五、汇率知识

汇率，指的是两种货币之间兑换的比率，亦可视为一个国家的货币对另一种货币的价值。具体是指一国货币与另一国货币的比率或比价，或者说是用一国货币表示的另一国货币的价格。

在中国，《会计法》以法律形式明确规定中国境内各单位的会计核算以人民币为记账本位币，单位的一切经济业务事项一律通过人民币进行会计核算反映。所以在核算外币业务比如报销国外期刊版面费、国际合作交流的相关费用时就有一个外币兑换汇率的问题。一般外币兑换汇率的时间以单位规定为主，可以定为发生交易当日的中国人民银行外汇中间价或者报销当日的中国人民银行外汇中间价作为兑换汇率。

【例3】××年××月××日，银行间外汇市场人民币汇率中间价为1美元对人民币6.9183元，那么张三课题组支付1 000美元的外文版面费，即可报销折算为人民币6 918.30元。

第三节　科研财务助理应知晓的财务制度

法规和制度是财务工作的根本出发点，合规性更是财务工作的生命线，一切财务工作必须有政策法规或制度作为依据。在第三章第三节"单位科研项目经费管理制度与规范"中，我们已详细讲述了科研经费管理制度，回答了科研经费"怎样管""如何用"的问题，但是在财务执行和操作层面，还有很多细节问题需要明确。

作为单位内部控制的重要一环，财务制度建设是每个单位实现规范化管理的最重要组成部分。其中，常见的财务及相关制度包括：财务开支审批管理制度、科研经费管理制度、公务卡制度、请款制度、合同管理制度、采购管理制度、固定资产制度、差旅费管理制度、劳务费管理制度、成本管理制度、内部审计制度等。由于各个单位的实际情况和目标导向不同，其制定的制度也不尽相同，因此，本节更多是为了引导大家知晓制度、熟悉制度，严格按制度办事。以上列举的各项财务制度将不一一详细讲解，只重点介绍两项与科研财务助理工作相关性较强的财务制度——财务开支审批管理制度和公务卡制度。

另外，合同管理制度和采购管理制度也是科研财务助理在日常工作中必不可少的两项应知应会的管理制度，后面将以独立的章节进行讲述。

一、财务开支审批管理制度

"不以规矩，不能成方圆。"每个单位都会根据实际情况制定自己的财经纪律和制度。财务开支审批管理制度可以说是一个单位最重要、最核心的财务制度，通过这个制度，可以明确一个单位各级领导或负责人的财务开支审批权限、开支范围、审批流程等。一般情况下，科研财务助理对这个制度的主要关注点应放在科研经费的开支审批（行政经费主要用于规范一个单位职能部门及相关负责人的开支审批，这部分经费开支业务与科研财务助理关联性不强），因此本节主要阐述科研经费报销的相关事项。

（一）科研经费报销管理

科研经费在报销时必须符合国家规定、标准和范围以及本科研项目预算，做到"无预算不支出"，严格按照项目预算执行。科研经费开支，按照报销费用类型，可以分为以下几种。

1. 国内差旅费

差旅费应遵循事前审批原则，出差人员基于有关规定，在出差前履行审批流程。科研人员出差应按照实事求是、厉行节约的原则，尽可能选择经济适用的公共交通工具，凭票（如机票、船票、高铁或火车票等）据实报销；住宿费按相关标准据实报销；伙食补助费、市内交通费（含往返驻地和车站、机场之间的交通费）按照财政部统一发布的包干标准确定。

2. 公务接待费

可按相关规定开支少量科研业务接待费，接待费报销凭证应当包括财务票据、派出单位公函或邀请函和接待清单。接待对象应当按照规定标准自行用餐。确因工作需要，接待单位可以安排工作餐一次，并严格控制陪餐人数。目前，按照《党政机关国内公务接待管理规定》（中办发〔2013〕22号），接待对象在10人以内的，陪餐人数不得超过3人；超过10人的，陪餐人数不得超过接待对象人数的三分之一。

3. 会议费

会议费主要涵盖会议住宿费、伙食费、会议场地租金、交通费、文件印刷费等。会议费一般按照会议类别核定会议费定额开支，在综合定额标准以内结算报销。交通费是指用于会议代表接送站，以及会议统一组织的代表考察、调研等发生的交通支出。与会议不相关的旅游、纪念品等费用不得列支。会议期间发生的专家咨询费、讲课费、评审费等劳务性支出不得从会议费中列支（可从专家咨询费或劳务费单独列支）。

4. 国际合作与交流费

除单位另行规定外，短期因公出国（境）应当以《因公临时出国经费管理办法》（财行〔2013〕516号）为依据，超过90天的中长期因公出境的，以财政部和外国专家局颁布的《关于调整中长期出国（境）培训人员费用开支标准的通知》（外专发〔2012〕126号）为依据。

5. 项目合作费

科研项目需要向协助单位支付或外拨项目合作费的，须附有合作协议。

6. 专家咨询费

使用科研经费发放专家咨询费的，专家咨询费的发放额若超过个人所得税起征点，发放单位应按照相应规定代扣代缴个人所得税。

7. 劳务费报销

劳务费是指支付给参与项目的学者、博士后和研究生，以及项目聘用的研究人员、科研辅助人员等的费用。聘用人员以所在地区科研与技术服务从业人员薪酬平均水平为依据进行合理开支，同时也需要项目负责人参考从业人员具体的职责和工作量来确定。劳务费通常包括工资、奖金、津贴、补贴等。在本单位有工资性收入的在职人员，原则上不得在科研项目经费中领取劳务费。

8. 学术论文发表费

学术论文发表费必须严格管控，单位科研管理部门须严格管理并审核论文和科研项目的相关性及是否有发表与研究的必要性，严防学术不端行为的发生。报销国外学术论文发表费的，还要提供国外支付相关费用时收到的账单收据（invoice 或 receipt），以及支付记录。

9. 科研设备费及低值易耗品

项目组购买的设备仪器，凡属于固定资产的范畴，应先到设备管理部门办理固定资产登记，然后才能进行财务报销。凡单笔经济业务涉及金额达到签订合同条件的（签订合同的具体条件由单位合同管理办法明确），报销时应附合同或协议。目前，很多单位都已经建设或引入设备和科研耗材、检测服务的竞价平台，竞价记录和结果可以作为报销的佐证材料。这是一项促进合理、合规和节约使用科研经费的创新管理机制，更是促进廉洁自律、保护科技人员的内部控制机制。

10. 实验耗材费

项目组内应建立物资耗材的领购、验收、入库和出库登记台账管理制度。购买的实验耗材报销时，须由项目负责人、经办人和证明人（实物保管人）三方共同签字。将采购发票、购货清单、竞价记录、出入库单据、合同（如有的话）等作为原始凭证进行报销。关于实验耗材采购竞价的内容，与上面第9点相同。

（二）科研经费的开支范围

（1）图书、资料费：资料收集、录入、复印、翻拍、翻译、电子资料等产生的费用。购买的图书需要办理固定资产登记入库手续。

（2）版面费、印刷费：如版面费、出版、打印和印刷研究成果等方面的费用。

（3）仪器设备费：科研设备的采购、安装、包装、运输杂项以及维修等费用。

（4）实验耗材费：采购消耗品，包括药品、试剂和原材料等费用，采购动植物费用以及养殖费，关于样品和标本的采集、包装、加工与运输费用等。

（5）测试分析费：测试、加工、分析等费用。

（6）合作费：根据合作协议，由本单位拨付给外单位开展合作业务的费用（委托外单位进行测试加工所产生的费用不属于合作费）。

（7）差旅费：参与学术会议、考察调研等产生的差旅费。

（8）接待费：因科研活动需要，与项目组之外的校（院、所）外人员发生的接待活动产生的费用。

（9）会议费：学术研讨会议、课题协调与咨询等活动组织会议产生的费用。

（10）专家咨询费：课题研究过程中对临时聘用专家所花费的费用，这部分费用不允许向本课题组人员或项目参与人进行支付。

（11）劳务费：向直接参与课题的临时聘请人员与在校研究生支付的费用。

（12）其他与科研项目有关的必要开支，按国家有关规定和单位财务制度执行。

备注：由多个单位共同承担同一个项目时，项目主承担单位要根据项目任务书和预算书，将上级下达的需转拨给项目参与单位的经费及时拨付。待转拨的经费一般不作为项目主承担单位的收入，转拨时也不计入预算支出。

（三）科研经费的开支审批

（1）科研经费实行项目负责人负责制管理模式，所有费用支出由项目负责人负责审批。项目负责人须对其相关性、真实性、合理性以及合规性进行审核把关，同时亦承担所有的经济和法律责任。特殊业务基于单位或者国家有关规定进行审核。

（2）单位科研管理部门可对不限于以下业务在内的合理性、预算相符性做进一步审核；为单位内、外人员发放科研绩效及劳务费；转拨合作单位项目经费；论文发表费支出等。

（3）财务部门对科研经费报销的开支标准、票据真伪以及是否符合财税部门的管理要求等进行审核。

二、公务卡制度

1. 什么是公务卡

公务卡是指行政事业单位在编、在职的正式职工持有和使用的，以个人名义申请开立的银行贷记（信用）卡，在财务报销和日常公务中应用广泛，亦可兼顾个人消费信用卡，具有透支额度与免息期限功能。公务卡采取实名制，一人一卡，由持卡人承担相应的经济和法律责任，尤其是非公务开支的欠款清偿责任。在实际管理实务中，为了更方便开展公务结算、规范财务开支，很多单位已对合同制或课题聘任制的员工开放公务卡的申办，前提是得到相关负责人的保证。公务卡持有人因辞职或退休等而离开单位时，必须先到开卡银行注销其名下公务卡，才能办理相关离职手续。

财政财务管理功能和银行卡结算的融合是公务卡的独特之处，属于新兴的财务财政管理工具与方法，在保证所有公务业务消费都有相应凭证的同时，使日常开支的现金流量得到更好的控制。

2. 公务卡与普通信用卡的区别

公务卡的发放机构为银行业金融机构，发放对象为行政事业单位在职职工，用于公务开支，具有透支功能。除具备普通信用卡所具有的透支额度与透支免息期特点外，公务卡与普通信用卡最大的区别在于单位财务部门在报销时必须通过集中支付系统对公务支出进行全面、有效的审核，对于符合财务制度的公务开支，报销后由财务部门直接还款。

3. 推行公务卡结算的重要意义

公务卡是新型支付结算工具，具有携带便捷的特点，同时具有很高的透明度，可查询全部支付行为。

公务卡制度制定并实施以后，不会影响原有的会计核算方法、报销审批流程以及财务管理制度，但对现金的使用要实行严格管理。公务卡结算无须银行对现金进行保管或财务人员对现金进行提取，公务经办人也无须向单位借款，流程得以精简，财务人员的工作得以简化，减少了工作量。同时，财政或财务部门实现了对支付行为更高效的监控，更能确保其规范性与真实性。

公务卡一个月的还款期，倒逼公务活动经办人尽快办理报账手续，提高了工作效率，减少了跨年发票报账的发生，使财务收支配比更加合理。

因此，公务卡制度的落实不仅使财政透明度得到提升，提高了监管效率，从根源上防治腐败现象，还有利于单位财务管理水平的提高。

4. 公务卡的适用范围

依照中央预算单位公务卡强制结算目录（表4－2），凡在目录规定范围内的公务支出项目，应按规定使用公务卡结算，原则上不再使用现金结算，尤其公务接待费、培训费、会议费、差旅费（如机票、住宿）是重点检查范围。目录规定范围外的公务支出项目，超过1 000元（含）的，必须使用公务卡结算。

表4－2　中央预算单位公务卡强制结算目录

序号	公务卡结算项目	备注
1	办公费	指单位购买按财务会计制度规定不符合固定资产确认标准的日常办公用品、书报杂志等支出
2	印刷费	指单位的印刷费支出
3	咨询费	指单位咨询方面的支出
4	手续费	指单位支付的手续费支出
5	水电费	指单位支付的水电费支出
6	邮电费	指单位开支的电话费、电报费、传真费、网络通信费等支出
7	物业管理费	指单位开支的办公用房、职工及离退休人员宿舍等的物业管理费，包括综合治理、绿化、卫生等方面的支出
8	差旅费	指单位工作人员因出差支付的住宿费、购买机票支出等
9	维修（护）费	指单位日常开支的固定资产（不包括车船等交通工具）修理和维护费用，网络信息系统运行与维护费用
10	租赁费	指租赁办公用房、宿舍、专用通信网以及其他设备等方面的费用
11	会议费	指会议中按规定开支的房租费、伙食补助费以及文件资料的印刷费、会议场地租用费等
12	培训费	指各类培训支出
13	公务接待费	指单位按规定开支的各类公务接待（含外宾接待）费用

（续上表）

序号	公务卡结算项目	备注
14	专用材料费	指单位购买日常专用材料的支出，具体包括药品及医疗耗材，农用材料，兽医用品，实验室用品，专用服装，消耗性体育用品，专用工具和仪器，艺术部门专用材料和用品，广播电视台发射台发射机的电力、材料等方面的支出
15	公务用车运行维护费	指公务用车的燃料费、维修费、保险费等支出
16	其他交通费用	指单位除公务用车运行维护费以外的其他交通费用，如飞机、船舶等的燃料费、维修费、保险费等

5. 公务卡的信用额度

公务卡的初始信用额度（透支额度）为 2 万～5 万元，具体的信用额度由发卡银行根据申办个人的收入和信用状况核定。如果公务卡额度无法满足公务支付，持卡人可以向单位财务部门提出申请，对公务卡额度进行提升，但是提升部分与对应的有效时限以发卡银行的规定为准。

6. 公务卡结算报销基本程序与还款

第一步，持卡人在公务活动中可刷公务卡进行消费，同时获得本人签名的交易凭条与其他报销凭证。持卡人在公务活动中需支付资金时，除刷公务卡外，还可通过个人微信、支付宝、云闪付等绑定公务卡进行扫码支付。

第二步，持卡人凭报销凭证、消费凭证和发票等向单位财务部门申请，符合规定即可报销。

第三步，财务部门根据相关审查要求，向持卡人公务卡支付报销款项，即可完成公务卡还款。持卡人在使用公务卡结算各项公务支出后，应尽快办理报销手续，并密切关注还款情况，有问题及时与财务人员联系。

公务卡可通过现金或者转账还款，也可以通过银行扣缴来进行还款。公务卡因超过还款期限而产生的滞纳金、罚金和不良信用记录等后果由持卡人承担。若持卡人因工作繁忙或报销票据未及时索取等而无法及时报销的，持卡人亦可通过公务卡发卡银行开通自动还款功能，按照还款额度以自有资金先行还款，避免个人信用受到影响。

7. 公务卡提现

公务卡提现是不允许的行为，如果持卡人利用公务卡进行提现，属于个人消费范畴，单位不予以报销，并且由持卡人承担提现导致的利息与手续费等所有费用和责任。

8. 公务卡使用注意事项

根据国家对银行卡制定的相关规定和要求，持卡人须严格遵守对公务卡的使用规定，坚决杜绝违规使用。持卡人若拖欠还款或者恶意透支，须承担相应的后果和法律责任。

各单位应严格遵守财经纪律，对本单位公务卡持卡人的公务消费行为进行管理和审核，支出管控必须严格，不允许支出超标准、超范围，有效保证在规定范围和标准内进行消费。

特别提醒：不得在敏感场所使用公务卡结算，同时禁止使用公务卡购买奢侈品。

第四节　办理日常财务业务的注意事项

为了提高科研财务助理的报账工作效率，进一步规范财务报销行为，减少退单和重汇等情况的发生，本节将对科研经费报销过程与注意事项进行系统介绍。

一、标准的人民币书写

汉字小写形式的一、二、三、四、五、六、七、八、九、十，用货币形式表示为大写：壹、贰、叁、肆、伍、陆、柒、捌、玖、拾。用到的相应计数单位为整、元、零、分、角、拾、佰、仟、万、亿等字样。大写金额数字以"元"结尾的，在"元"的后面应写"整"字，以"角"或"分"结尾的，可以不写"整"字。中文大写金额数字前应标明"人民币"字样，大写金额数字应紧接"人民币"字样填写，不得留有空白。大写金额数字前未印"人民币"字样的，应加填"人民币"三个字。

【例4】以角结尾：¥2,450.60 元应写成"人民币贰仟肆佰伍拾元陆角"；

以分结尾：¥3,509.45 元应写成"人民币叁仟伍佰零玖元肆角伍分"；

以元结尾（没有小数点）：¥8,500 元应写成"人民币捌仟伍佰元整"。

阿拉伯数字形式的金额数字，应在数字前加"¥"符号，从小数点起往左，每三位数字需要有"数位分隔符"，以让数字更容易阅读和理解，如：¥2,450.60元、¥3,509.45 元、¥8,500 元。

二、财务报销的基本流程

（1）取得合法票据：费用报销的前提是提供合法、真实的原始凭证。对于发票的要求是，必须具有税务机关统一印制的发票监制章，必须在税务机关规定的期限内使用。所有纸质版发票均需加盖收款单位的发票专用章。对于电子发票，若发票右下角出现"销售方（章）"字眼，则需要加盖发票专用章，反之，则无须加盖发票专用章。对于行政事业单位收据，国家、省市级财政部门统一印制收据监制章是必备的，同时也必须加盖开票单位的财务专用章。各单位自制的或在文具店购买的收据不能作为报销的依据（自制的收据俗称"白头单"或者"白条"，是无效凭证）。发票或收据必须注明开票日期、客户名称、经济业务内容、填制人、数量、单价、金额等基本信息。填制凭据需字迹清晰、书写规范，两种书写形式金额要相符，票面整洁无污迹，金额不得涂改。若记载内容有错误，应由出具单位重开或更正，更正后必须由出具单位在更正处加盖公章；如金额出现错误，不得更正，只能重开。假发票、空白发票和填写不规范的发票，不予报销。

（2）整理粘贴票据：票据分类。票据若过多，可以依据内容划分为办公用品、差旅费、电话费、设备维修费、资料费、交通费等，以不同种类依次粘贴，将金额与票据总数进行整理，同时完成票据粘贴。

（3）相关人员签名或审批：开展业务活动取得的原始单据在填写报销单后，须由经办人、证明人、科研经费负责人共同签字；购置固定资产及低值易耗品，应到单位设备或物资管理部门申报购买计划，统一采购，并办理验收手续，验收单由所列相关人员分别签字。

（4）提交财务部门进行报销处理。

三、报销票据管理

（1）报销票据是指发票或符合规定的其他付款凭证。发票应规范填写付款单位名称、填制日期、经济业务内容、金额等，并加盖收款单位（即开票单位）发票专用章。实际发生的经济业务内容应当完整、清晰显示。

（2）报销票据未列明购物（或服务）明细的，需附上加盖收款单位有效印章的清单。

（3）公务卡消费报销应当另附银行卡消费凭证。其中，实体店消费附POS机小票复印件；网上购物、网上订票等无法取得刷卡凭证的，应提供相关支付证明（如网银支付凭证、电脑或手机登录网页的支付记录截图等）。

（4）从境外取得的报销票据（invoice 或 receipt），须附汇率折算凭证。其中，因公临时出国人员国际差旅费报销需提供银行汇率结算水单或离开国境当天的外汇汇率中间价；其他业务报销需提供银行换汇水单，不能提供水单的，需提供开票日的外汇汇率中间价。报销票据来自境外时，需要对票据的外币金额、折算人民币金额、数量、日期以及内容等信息用中文进行标注。

（5）发票的报销年限：原则上，应在公务完毕后 2 周内将发票提交财务部门进行报账；确实出于某些原因，如在年底发生的业务，取得发票时财务已关账进行年终结算等情形，允许跨年报账，但应在次年 1 月份报账完毕。

特别提醒：发票没有收藏价值，及早报销兑现最实惠、最安心。否则，如果发票遗失，补办、复制的手续非常烦琐；若发票过期，则将变成毫无价值的"废纸"。公务完毕，在已取得全部票据的情况下，宜在 2 周内办理报账。

四、汇款的注意事项

科研财务助理是课题组的资金管理人员，办理经费收支是其最主要的工作内容。在实际工作中，由于经办人员收集信息或填报有误，导致汇款失败的现象比较常见。汇款失败意味着一笔汇款需要重复再办理一次或多次，这既增加了经办人自己和财务部门的工作量，又增加了单位的办公费开支，更重要的是，可能因经费未及时到位而影响项目相关工作的开展。因此，科研财务助理需要详细了解汇款须知，避免反复出现低级错误。

在填写报销单时，需要仔细核对收款人的银行账户信息，区分个人账户、其他账户、公务卡和供应商账户等，仔细填写收款人的银行户名、开户银行和卡号，开户银行需要精确到开户支行（具体网点），若填写有误，必然导致出现退汇的情况。同样，课题组在收取对方汇款时，经办人亦应把我方的收款银行信息，全面、准确地告知对方经办人。

需要获取个人的银行卡基本信息时，务必向其本人仔细了解、记录清楚银行卡信息、银行卡是否被冻结、银行卡接收金额是否有限额（要区分Ⅰ类、Ⅱ类和Ⅲ类银行账户）等情况，最后还应认真复核和确认一遍。

转账失败的常见原因：

（1）收款人银行账户信息填写有误。

（2）收款人个人的银行卡被冻结。

（3）收款人个人的银行卡为Ⅱ类或Ⅲ类银行账户，有交易限额。

（4）使用网银方式支付给境外人士。

五、会计档案注意事项

新《会计档案管理办法》（财政部国家档案局令第 79 号）规定，将会计档案的定期保管期限由原来的 3 年、5 年、10 年、15 年、25 年五类，调整为 10 年、30 年两类，并将保管期限为 3 年、5 年、10 年的会计档案统一规定保管期限为 10 年，将保管期限为 15 年、25 年的会计档案统一规定保管期限为 30 年。其中，会计凭证、会计账簿等主要会计档案的最低保管期限延长至 30 年，其他辅助会计资料的最低保管期限延长至 10 年。

在此特别倡导广大科研财务助理在整理报销凭证时合理用纸，多使用双面打印（复印），节约纸张，以节省档案的储存空间。在日常工作中养成良好的习惯，巧用编辑功能压缩页面数量。

六、科研财务助理工作交接的注意事项

（1）工作交接前，原岗位尚未处理完毕的业务，应及时处理完毕。整理好应该移交的各项资料，对未了事项和遗留问题要写出书面说明材料。

（2）编制移交清单，注明应该移交的相关资料和物品等内容。涉及相关计算机软件业务的，应在移交清单上注明软件账户及密码等内容，并提醒接收人尽快修改密码。

（3）专人负责监督工作交接。一般情况下，科研财务助理办理交接手续时，应由课题组负责人亲自监督。

（4）工作和资料交接完毕后，交接双方和监交人均需在移交清单上签字，并在移交清单上注明交接日期、交接双方和监交人的职务、姓名、需要说明的问题和意见等。

第五节　科研经费管理相关财务工作的流程指引

涉及科研经费管理的财务工作，除日常经费报销业务外，主要有五个方面，包括：项目立项开卡、经费上账、项目预算调整、经费财务调账、经费中期检查及结题业务办理。本流程指引是基于该类业务办理所制定的流程指

引。下面以某"三甲"医院的业务流程为例进行详细讲解〔以上海鼎医信息技术有限公司医院资源运营管理软件（DHRP V2.0）的操作为载体〕。

一、项目立项开卡

项目立项开卡是指为某个特定项目的科研经费、临床试验经费、医院配套经费、捐赠资助经费、伦理评审费等经费立项设立新的经费卡，进行专账核算。

经办人在鼎医系统提交经费项目预算书或协议，配套经费原则上需要单位党政班子会议批文等，经相关职能科室审批后，由财务部门在鼎医系统上完成开卡。

经费立项与开卡的制度依据如下（以下仅为范例，具体应以单位相关制度为准）：《科研经费管理办法》《临床试验经费管理规定》《优秀青年人才培养计划》《伦理经费管理办法》《公共科研平台管理暂行办法》《国家重点实验室专项经费管理办法》《捐赠管理办法》《出国留学人员科研启动基金管理规定》《临床医科科学家培养方案》等。

项目立项开卡的办事流程如图4-3所示。

图4-3　项目立项开卡办事流程

（1）经办人到财务部门科研经费岗查询款项到账情况，查询时须提供对方单位名称、汇款时间、汇款金额等信息，并拍摄银行单据照片。

（2）确认资金到账后，经办人登录鼎医系统，按照规定格式要求填写经费项目开卡申请表、项目经费预算，并打印纸质单据，携带合同到科研管理部门办理立项开卡手续。

（3）提交纸质的经费项目开卡申请表、银行单据照片及相关资料到财务部门，经财务负责人签批后，即可办理开卡手续。

二、经费上账

经费上账是指某个特定项目的科研经费、临床试验经费、捐赠资助经费、伦理评审费等经费已经转入单位的银行账户后，经办人与财务确认资金到位并认领后，在财务信息系统上办理专项经费财务入账。

经费上账的制度依据如下（以下仅为范例，具体应参照单位相关制度）：《科研经费管理办法》《临床试验经费管理规定》《优秀青年人才培养计划》《伦理经费管理办法》《公共科研平台管理暂行办法》《国家重点实验室专项经费管理办法》《捐赠管理办法》《出国留学人员科研启动基金管理规定》《临床医科科学家培养方案》等。

经费上账的办事流程如图4-4所示。

1.经办人提供汇款信息到财务处**科研经费岗**查询资金到账情况 ➡ 2.在HRP填写"资金上账单"，打印纸质单，项目负责人签名后至**职能科室**签字盖章 ➡ 3.携"资金上账单"找财务处**科研经费岗**审核单据，领取银行单据 ➡ 4.凭"资金上账单"与银行单据到财务处**出纳岗**开具发票

图4-4　经费上账办事流程

（1）经办人到财务部门科研经费岗查询款项到账情况，查询时须提供对方单位名称、汇款时间、汇款金额等信息。若为现场缴费，则跳过该步骤。

（2）确认资金到账后，经办人自行登录相关的财务信息系统，按照规定格式要求填写资金上账单，并打印纸质上账单，经项目负责人签名后，到归口管理职能部门审批盖章。

（3）完成第2步签批后，经办人将纸质版资金上账单、项目批复预算明细等资料交到财务部门科研经费岗审核，并提供第1步查询到的银行单据信息（电子或影像资料）核对。

（4）审核通过后，若需开具发票或行政事业单位专用收据，应及时提出，由科研经费管理岗将资金上账单与银行到账通知单交到财务部门出纳岗开票，开具的发票或行政事业单位专用收据由经办人现场领取。

三、项目预算调整

经费预算调整是指项目组根据科研项目方向与计划的变化，项目实施的情况，以及相关费用项目的进度比照后，对某个特定项目的科研经费、临床试验经费等进行预算调整。

经办人在财务信息系统提交经费预算调整，经相关职能科室审批后，由财务部门相关岗位在财务信息系统上最终确认经费预算调整。随着对科研工作"放管服"的要求，越来越多的科技计划将预算调整的审批权限下放到项目的牵头单位。

项目预算调整的制度依据如下（以下仅为范例，具体应参照单位相关制度）：《科研经费管理办法》《临床试验经费管理规定》《优秀青年人才培养计划》《伦理经费管理办法》《公共科研平台管理暂行办法》《国家重点实验室专项经费管理办法》《捐赠管理办法》《出国留学人员科研启动基金管理规定》《临床医科科学家培养方案》等。

项目预算调整的办事流程如图4-5所示。

图4-5 项目预算调整办事流程

（1）经办人登录财务信息系统按照规定格式要求填写科研经费预算调整表，并打印纸质单据，经项目负责人签名。

（2）携带纸质的预算调整表及相关资料到归口管理职能部门审批盖章。

（3）完成第2步签批后，经办人将科研经费预算调整表、项目预算主管部门批复复印件等资料交到财务部门科研经费岗审核。

（4）项目负责人在医果系统①查询项目预算调整后的情况。

四、经费财务调账

某个特定项目的科研经费、临床试验经费等经费，因经费使用时发生归属错误，即本来属于A项目的经费开支，不慎在B项目开支了，或超出了财务信息系统的预算控制（依据项目申报书的预算设定），以及迎接结题审计的需要，须办理专项经费财务调账。其余原因申请调账的，财务部门原则上不予支持。同一类型经费项目之间才允许调账，且调账后财务凭证需留痕，由此产生的后果由课题负责人承担。因此，课题组在使用科研经费以及费用归属项目时，一定要谨慎并综合考虑项目费用预算、费用与课题研究的相关性，以及费用支出的合规性，避免日后频繁调账引起不必要的麻烦。

经费财务调账的制度依据如下（以下仅为范例，具体应参照单位相关制

① 医果系统为上海鼎医信息技术有限公司医院资源运营管理软件（DHRP V2.0）的子系统，主要有财务网上报销、科研经费管理等功能模块。

度）：《科研经费管理办法》《临床试验经费管理规定》《优秀青年人才培养计划》《伦理经费管理办法》《公共科研平台管理暂行办法》《国家重点实验室专项经费管理办法》《捐赠管理办法》《出国留学人员科研启动基金管理规定》《临床医科科学家培养方案》等。

经费财务调账的办事流程如图4-6所示。

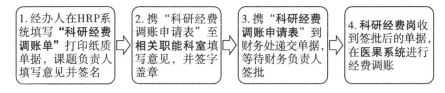

图4-6　经费财务调账办事流程

（1）经办人登录财务信息系统查询项目经费"打印明细表"，记录需要调账的凭证号、摘要、金额、费用项目、日期等。

（2）按照规定格式要求填写调账申请单，调账原因须如实填写，格式为：因为××原因，现申请将××经费卡××费用项目××金额由××经费卡××费用项目支出。打印纸质上账单，经项目负责人签名后，到归口管理职能部门审批盖章。

（3）完成第2步签批后，经办人将纸质版科研经费调账申请表等资料交到财务部门，等待财务负责人统一签批。

（4）完成第3步签批后，由科研经费岗审核，在财务信息系统上进行经费调账。

通常，以下几种情况将会对项目结题造成不良影响，原则上禁止调账处理：

（1）针对该项目，有文件明确规定不允许调账的。

（2）调账涉及金额较大。

（3）调账时间已经超过了项目的结题时间。

（4）不同级别项目或者无关联项目之间的调账等。

五、经费中期检查及结题业务办理

经费中期检查是指项目负责人根据项目申报书的要求，在完成项目阶段性研究工作后对经费的使用情况、执行进度进行如实、准确及完整的填报，对执行进展滞后、经费开支不规范的项目要及时进行纠正等。

经费结题业务办理是指项目负责人针对已经符合最低结项（验收）标准

及达到申请书（任务书）预期结项成果的项目的经费执行情况进行总结，根据项目的结题要求如实填报经费使用情况、申报书原有预算的调整情况、使用经费和预算经费的对比情况、经费超支结余情况等。

经费结题业务的制度依据如下（以下仅为范例，具体应参照单位相关制度）：《科研经费管理办法》《临床试验经费管理规定》《优秀青年人才培养计划》《伦理经费管理办法》《公共科研平台管理暂行办法》《国家重点实验室专项经费管理办法》《捐赠管理办法》《出国留学人员科研启动基金管理规定》《临床医科科学家培养方案》等。

办理流程如图4-7所示。

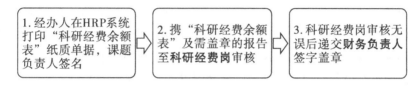

图4-7　办理流程

（1）经办人登录鼎医系统，打印"科研经费余额表"纸质单据，课题负责人签名，同时核对经费卡实际余额与冻结总金额＋实际金额的总金额是否一致，如果一致，该课题经费卡余额无误；如不一致，联系财务部门科研经费管理岗。

注意：科研经费结题业务办理，冻结金额及借款金额须为0。

所谓"冻结金额"，是指报销单已经提交报销系统，但是还在签批中，财务账上还未确认费用支出的金额，可以理解为在途资金或未了结事项。

（2）确认金额无误后，经办人携带科研经费余额表、结题报告等资料到财务部门科研经费岗办理结题审核。

（3）结题报告审核通过后，才能申请下一步的财务盖章手续。

第六节　科研物资管理规范

科研物资包括科研设备（含仪器，下同）及实验耗材等，是开展科研工作最重要的物质保障，也是单位国有资产的重要组成部分。良好且规范的科研物资管理能降低科研成本与消耗，防控各类风险，保证各项科研活动的顺利进行。本节将聚焦科研项目物资的规范化管理要求以及必要的管控措施，帮助科研财务助理树立规范化管理的理念。

一、科研设备的管理规范

通常情况下，科研仪器设备具有"数量较少、单台（套）价值较高、使用时间在一年以上或可以重复多次使用"的特点，因此，无论在财务制度上，还是在设备实物管理上，单位的职能部门（如财务与国有资产管理部门、设备管理部门、招标采购部门等）都会比较重视，单台（套）价值达到一定标准的，还会纳入单位固定资产管理。因此，科研设备的规范管理是有基本保障的。

但是，课题组作为科研设备的实际使用者和实物保管人，在职能部门完成了设备购置、验收、入账并移交给课题组后，相关的管理责任和风险便完全转移到课题组。因此，为保障设备安全完整，管理规范，以及运行状态良好，课题组在设备使用和管理中应该做到以下七点规范要求。

（1）课题组应建立设备台账，落实每台设备专人保管制度，确保国有资产安全完整。

（2）安全使用、规范操作，保证设备处于良好的可运行状态。

（3）设备发生故障，应及时通知设备管理部门或直接联系维保单位维修。

（4）设备保管人因离职、退休等而离开课题组的，由其保管的设备应办理移交手续。

（5）设备达到报废年限且故障频发，无维修价值时，应向设备管理部门申请并办理报废手续，及时进行销账处理。

（6）未经设备管理部门批准，不得擅自将设备出租、出借或转让，禁止公物私用。

（7）接受科研设备捐赠的，应事前报单位捐赠管理职能部门审批；获批后须办理资产接收和入账手续。

二、实验耗材的管理规范

具体到某个项目组而言，实验耗材具有"品类繁杂、规格繁多、用量较少、价值较低、供应商分散"等特点，基于这些特点，以及以信任为前提的"放管服"政策的推进，加上职能部门的人手紧缺等原因，目前有部分科研单位已经引入了实验耗材（包括检测服务）的采购竞价平台，将实验耗材的管理权限下放到课题组，实行自律管理。因此，实验耗材管理的五个主要环节——采购、验收、领用、报账结算、库存管理的全链条业务，基本上都由课题组独立完成。

课题组通常都是人员比较精简的，由其自律管理就意味着会面临耗材管理人员的非专业化和非专职化的问题，因此实验耗材的粗放式管理带有一定的普遍性。管理不到位，实验耗材容易因过期积压、管理不善而造成经济损失，甚至由于课题组的内部控制措施缺失，管理不规范，导致营私舞弊行为时有发生。因此，实验耗材的规范化管理尤为迫切。

课题组在实验耗材的全链条业务管理中，应该做到以下七点规范要求。

（1）参照存货管理的"进销存"模式，课题组应建立实验耗材台账，对使用数量大、价值高的主要耗材及办公用品，实行严格的登记，做到购进、领用、结余等情况一目了然，必要时实施定期盘点制度。

（2）人员分工科学合理，采购、验收、领用、报账结算和库存管理等环节不得由一个人全部包办，不相容岗位（环节）须严格分离。

（3）选择供应商要落实回避制度，避免关联方交易。

（4）采购坚持货比三家的原则，压实采购价格，做到质优价廉。

（5）发生退货、换货业务的，不得擅自暗箱操作，应通过财务部门与供应商结算，并在相关信息系统留痕，亦必须在课题组的台账留痕。

（6）耗材保管人因离职、退休等而离开课题组的，应办理移交手续。

（7）接受实验耗材捐赠的，应事前报单位捐赠管理职能部门审批；获批后须在相关职能部门的监督下办理资产接收和入账手续，同时亦须登记台账。

科研物资的开支，在科研经费类别上归属于业务费的范畴，通常在科研经费开支中占比大，往往是项目结题审计关注的重点，尤其是在项目经费中列支手提电脑、高级照相机甚至小汽车等昂贵且敏感的仪器设备，务必格外谨慎。科研项目经费购买何种设备、物资消耗是否合理、是否做到账实相符、向哪家供应商采购、采购价格是否虚高等一系列问题，都必须经得起法规和制度的检视，经得起课题研究方向和研究领域相关性的检验。

越来越多的科研单位开始引入采购竞价平台，在采购环节加强对科研物资及检测服务的管理，这对于完善内部控制，防范违规违法行为，有良好的效果。对采购竞价的学习，将在本教程的第八章进行专门讲述。

本章小结

　　本章主要介绍了科研财务助理应该了解的财务会计工作中最基础的知识，重点介绍了财务开支审批管理办法和公务卡管理制度这两项与财务助理工作息息相关的财务基本制度，以及在处理科研经费相关财务业务时的注意事项和相关流程，详细讲解了与财务助理工作密切相关的科研物资管理规范，旨在为科研财务助理打牢财务基本功，并结合上一章的科研知识的学习，让财务助理的知识结构初步达到"入门级"的水平，能够基本胜任科研财务助理岗位日常工作的要求。

第五章
科研财务助理应掌握的综合知识

学习指引

前面的章节，已经对我国目前的科技体系及相关管理体制机制和科研项目经费制度做了系统的介绍，对财务基本常识进行了普及，同时对科研财务助理承担的工作职责做了全面的、基础性的介绍。本章侧重于预算、结题及答辩等更进一步的综合性知识的学习与运用，以达到工作能力和业务素质的全面进阶。

第一节　科研项目的申报与预算管理

一、科研项目申报预算的编制原则和总体要求

协助项目负责人编制科研项目预算是科研财务助理的一项非常重要的工作，也是其发挥岗位价值的重要途径。一份优质的项目预算书，不仅要与科研政策的导向相符，也要与政策法规的要求相符，更要与即将开展的项目研究实际需要和开支消耗相匹配。

科研财务助理应熟悉科研项目的预算管理要求，充分考虑科研实际和掌握科研规律，协助项目负责人在项目申报前合理测算，准确编制符合科研项目任务需要和申报要求的预算，力求做到"覆盖全面、费用精准、合理合规"。

（一）政策依据和编报原则

国家相关部门陆续出台关于深化财政和科技计划管理改革的相关制度，同时，各类科技计划项目也有自己的资金管理办法和预算编报要求或指南。科研人员和助理应该及时学习，以最新的政策作为预算编报的依据。

课题经费主管部门会在申报通知里统一规定各类科研课题经费预算编制的基本原则，通常包括目标相关性、政策相符性和经济合理性。

1. 目标相关性

编制项目预算必须以课题研究要实现的总体目标为依据，预算支出的内容应与项目研究开发任务密切相关，预算的总量、结构等应与设定的项目任务目标、工作内容、工作量及技术路线相符。无论设备、材料、测试化验、差旅和会议等费用，都必须紧扣课题研究的具体需求，遵循"款项紧跟项目"原则，严禁背离既定的研究目标。预算中不得包含与研究目标无直接相关或联系不密切的费用项目。特别是不能将专项科研资金挪作其他用途，比如，用于一般性的科研条件改善或用于缓解机构的经费紧张状况，或将特定项目经费挪用到科研公共平台建设。

2. 政策相符性

项目预算科目的开支范围和开支标准，应符合国家财经法规和各类项目的《资金管理办法》的相关规定。比如，在购置设备和物资时，如果相关物品在政府采购目录中，应当依照政府采购的相关规定进行；若需从海外采购，则必须获得国家海关的审批；会议费、差旅费、专家咨询费和劳务费支出需按照财政部门的统一标准来执行，预算编制时不允许自设或超越这些标准。同时，所有使用的设备和物资，以及水、电、气、暖等资源的消耗，都必须遵守环保和消防等部门的规章制度。涉及生物样本的跨境调运，还须符合国家对生物样本进出境管理的规定。

3. 经济合理性

编制项目经费预算时，支出内容一定要充分体现经济合理性，可综合考虑国内同类研究开发活动的状况以及我国相关产业、行业的特点等，与同类科研活动支出水平相匹配，并结合项目研究开发的现有基础、前期投入和支撑条件，在考虑技术创新风险和不影响项目任务的前提下进行安排。例如，在采购设备、改装设备、设备租赁以及原材料的购买等方面，必须进行周密的市场调研，确保选择性能卓越、质量达标、价格公道、经济实惠的商品和服务。此外，样本的获取、病历的复制、出国调研的人数、会议的规模和持续时间，以及对外聘请和重新聘请的人员的数量和薪酬等，都应当经过严格的计算和审慎的评估。所有这些支出都应以确凿的需求为基础，保证规模适中、参与人数合理、支出标准遵循规定，并在确保经济性的同时，达到科研资金的社会和经济价值最大化。

（二）项目预算编制的总体要求

应当按照政策相符性、目标相关性和经济合理性原则，科学、合理、真实地编制预算，在明确项目研究目标、任务、实施周期和资金安排（包括间接费用分配）等内容的基础上，对仪器设备购置、承担单位资质及拟外拨资金进行重点说明，并申明现有的实施条件和从单位外部可能获得的共享服务。

直接费用各项支出不得简单按比例编列。承担单位已形成的工作基础及科研条件，以及立项前的支出费用等前期投入不得列入项目资金预算。在同一支出科目中需要同时编列财政专项资金和其他来源资金的，应在预算说明中分别就财政专项资金、其他来源资金在本科目中的具体用途予以说明。不得虚假承诺配套经费。

承担单位对项目资金管理使用负有法人责任，按照"谁申报项目、谁承担研究任务、谁管理使用资金"的要求，未经立项部门批准，不得将资金转拨给其下级法人单位，如大学的附属医院、集团公司或母公司的全资或实际控制的子公司、科研院及下属的研究所等。

若项目牵头单位、课题承担单位、课题参与单位之间存在关联关系，或项目负责人、课题负责人与课题参与单位之间存在关联关系，应予以主动披露。项目牵头单位在预算编报、资金过程管理以及财务验收等工作中应予以重点审核、把关。项目承担单位应采用支出预算和收入预算同时编制的方法编制项目预算，使资金支出预算合计与资金收入预算合计相等，项目预算期间与项目实施周期一致。

当然，正所谓"计划永远赶不上变化"，预算毕竟是根据事前的预测作为依据来编制的，未必能面面俱到、尽善尽美，尤其是对于一些研发周期较长的科研项目，可能相关的研发路径或思路发生变化，相关设备物资的市场价格变动等因素，都会深刻影响后续预算的执行。因此，科研财务助理还应该熟悉项目中各项费用预算调整的要求，在项目实施过程中，如确实需要进行预算调整，经项目负责人审批同意后，在符合相关科研经费管理制度的前提下，按照项目实际开展的需要，对科研项目的预算进行科学的调整，提高预算执行的可操作性和合理性。我们要把握好预算调整这种进一步优化工作的时间窗口。

二、科研项目的申报与预算编制技巧

在我国目前的科研体制下，纵向课题大多数为竞争性申报项目，项目申报书的编报质量、预算编制是否合理合规，在一定程度上关系到课题组能否中标某个特定的科研项目。因此，为了提高项目申报书的编报质量，进而提高项目中标率，科研财务助理在协助项目负责人开展相关申报工作时，有必要掌握一些工作方法与技巧。

（一）科研课题的申报技巧

1. 积极主动获取科技项目申报信息

当前，科技基金项目的资金来源主要包括国家自然科学基金、国家社会科学基金、国家科技计划项目、教育部的人文社会科学研究项目、省级自然科学基金以及省级科技专项资金等。这些项目的申请信息多数通过官方网站对外公布，部分机构也通过纸质文件的方式进行信息发布，极个别基金项目可能仅以纸质文件形式公布。因此，科研财务助理需要协助研究人员定时浏览相关网站和关注文件发布，以此建立工作的定期模式，确保能够实时掌握项目申报的最新信息，并为申报工作的提前准备打下基础。

2. 认真理解和掌握申报指南

在辅助科研人员进行项目申报之前，科研财务助理必须深入了解各项关键信息，包括资金的来源和类型、申报的时间窗口、申请文件的格式、提交的副本数量以及所需准备的材料和注意事项等。预算的编制尤为关键，科研财务助理需要细致阅读并理解项目对预算的具体要求。比如，某些省份针对间接费用的申报有特定规定，可能是基于直接成本减去设备费用的差额，并且不得超过某个固定比例；对于某些预算超过 10 万元的大型仪器设备，可能需要逐项说明等。在国家层面的科研项目评审中，项目预算的编制不仅要紧密跟随申报指南，确保无误，还要注意立项的根据、创新点、研究方法等重要内容。严格和准确的预算编制是避免项目在初审时被否决的关键。

3. 熟悉申请书的接收、形式审查程序

在协助科研人员提交申报书和电子文件的过程中，科研财务助理应该提醒负责人注意在本单位内部规定的时间内完成提交，而不仅仅是依照项目组

织部门在网上公布的最终截止日期之前。这样做的目的是，确保单位内部的管理人员有充分的时间对申报材料进行注册、初步审查、备份以及内部审议等程序。在这些步骤之后，如果有任何修改意见，负责人应当在指定的时间范围内对申报书进行相应的修订，并最终完成正式提交。这个流程确保了申报材料的质量和完整性，增加了项目获批的可能性。

（二）科研项目预算编制的技巧

1. 强化预算意识，高度重视课题经费预算的编制

课题经费预算是课题申报书的重要组成部分，是课题得以顺利执行的经济保障。它既是课题申请的依据，也是课题经费支出的依据，同时又是课题监督检查和课题完成后财务验收的依据。课题经费预算编制是否合情合理，是否科学规范，不仅关系到获得财政支持的经费额度、课题经费的保障程度和预算支出结构是否符合实际，还关系到课题执行中预算调整的空间、操作难度和结题时的财务验收。因此，必须强化预算意识，高度重视并切实做好课题经费预算的编制工作。

强化预算意识，高度重视并切实编制好课题经费预算，要解决的突出问题有4个：

（1）纠正预算与执行"两张皮"的错误观念。编制预算是为了执行预算，编制预算不仅有助于申请项目的成功，得到既定的经费，还要与实际支出相匹配，不能认为钱到手后怎么花是课题组自己的事，别人无权干涉。否则，在错误观念的引导下，就会出现不按批准预算执行、无预算执行、超预算执行和不足额预算执行等问题。

（2）避免夸大预算。应根据项目实际需要实事求是地编制预算，而不是故意高估预算以确保资金充足，这种做法往往导致项目完成后有大量资金剩余，最后被管理部门收回。

（3）合理配置预算支出结构。在编制预算时应确保每个科目的资金分配合理，避免某些科目资金过剩而另一些科目资金短缺，这种状况会导致频繁申请预算调整，影响项目执行效率。

（4）避免匆忙草率的预算编制。编制预算前应进行充分的调研和论证，以确保预算的可操作性，减少在项目执行中出现大幅度的预算调整。

2. 严格遵循预算编制的三项原则

科研经费主管部门通常会在申报通知中统一规定各类科研课题经费预算编制的基本原则，即目标相关性、政策相符性和经济合理性。课题组在进行项目编报时，预算编制务必遵循上述三项原则，其具体内容在本章第一节已作详细介绍，此不再赘述。

三、项目经费预算的具体编制指南

党的十八大以来，党中央、国务院陆续出台了《关于进一步完善中央财政科研项目资金管理等政策的若干意见》《关于优化科研管理提升科研绩效若干措施的通知》等一系列优化科研经费管理的政策文件和改革措施，其中针对预算编制提出了简化要求。

科研经费分为直接经费和间接经费两大部分。直接经费按照设备费、业务费、劳务费三大类编制预算，其中业务费类包括材料费、测试化验加工费、燃料动力费、出版/文献/信息传播/知识产权事务费、会议/差旅/国际合作交流费及其他支出；劳务费类包括劳务费和专家咨询费。间接费用是指组织实施研发类项目过程中发生的无法在直接费用中列支的相关费用，主要包括：为项目研究提供的房屋占用，日常水、电消耗，有关管理费用支出，以及激励科研人员的绩效支出等。

直接费用中除 50 万元以上的设备费外，其他费用只需提供基本测算说明即可，不需要提供明细。计算类仪器设备和软件工具可在设备费科目中列支，并要求项目管理部门在项目评审时同步开展预算评审。预算评审工作的重点是项目预算的目标相关性、政策相符性、经济合理性，不得将预算编制的细致程度作为评审预算通过的因素。

以下根据课题实际需要，对各项费用进行逐一解释。

（一）设备费

设备费是指在课题研究开发过程中购置或试制专用设备，对现有仪器设备进行升级改造，以及租赁使用外单位仪器设备而发生的费用。编制时应把握以下五点：

（1）设备支出应严格限定在项目研发阶段必需的设备购置、定制、升级或外部设备租赁费用。维护和日常保养等成本不应计入设备支出预算中。

（2）重点支持课题研究的专用设备，而非可多课题共用的设备或通用设备。除此之外，要列明专用设备在本课题中的用途和作用，不应编列生产性设备的购置费以及属于承担单位支撑条件的专用仪器设备购置费。

（3）计算类仪器设备和软件工具可在设备费科目列支。

（4）应当积极采取措施控制设备采购成本，倡导资源共享、自主开发和租赁策略，以及对现有设备的升级，以减少不必要的重复投资。

（5）对于价格超过 50 万元的设备，一般需提供详细的测算说明和明细。标明设备的名称、型号、厂家、产地及单价等信息，并附上至少两家供应商的报价单以供比较。

（二）业务费

业务费是指项目实施过程中消耗的各种材料、辅助材料等低值易耗品的采购、运输、装卸、整理等费用，发生的测试化验加工、燃料动力、出版/文献/信息传播/知识产权事务、会议/差旅/国际合作交流等费用，以及其他相关支出。

1. 材料费

材料费是指在课题研究开发过程中消耗的各种原材料和辅助材料等低值易耗品的采购、运输、装卸和整理等费用。编制时应把握以下三点：

（1）支付范围仅限于课题研究过程中消耗的各种原材料、辅助材料和低值易耗品的采购、运输、装卸和整理等费用，不得将测试化验加工所需材料、劳保和办公用品等不属于材料范围的费用列入，也不得将用途相同的两种以上材料费用列入。

（2）要列明主要材料品种与本课题研究的关联性，讲清楚其用途和作用，还应列明其数量的科学依据，避免关联性不强或数量过多。

（3）主要材料品种、数量和单价要逐项计算。

2. 测试化验加工费

在课题研究开发过程中与外部单位（包含科研单位内部独立核算的部门）进行的测试、化验和加工服务费用统称为测试化验加工费。在预算编制这一部分费用时，应当注意以下三点：

（1）当科研承担单位因自身的技术、工艺和设备等条件不足，需依赖外部单位（包括内部独立经济核算部门）来进行必要的检验、测试、设计、化验和加工服务时，这部分支出应计入预算。

（2）必须详尽列出进行检验、测试、设计、化验和加工的各项服务，指明每项服务在项目中的具体作用、服务次数以及服务单价，以确保这些费用与项目紧密相关，避免次数过多或定价不合理的问题。

（3）对于采集样本和病历的工作，应详细列明在项目中的角色，明确所需的数量和频次，并计算出相应的单价费用。特别需要基于科学依据说明数量的合理性，也应包含数据的录入、统计、归集和整理等费用。

3. 燃料动力费

燃料动力费是指在课题研究开发过程中相关大型仪器设备和专用科学装置等运行发生的可以单独计量的水、电、气、燃料消耗费用等。在申报科研项目，编制燃料动力费预算时应注意：支付给外单位（包括租用外单位房屋和实验室）的水、电、气、燃料费用可以列进预算。但是，使用本单位的配套设备和实验室，不论是否有单独计量核算，燃料动力费均不得列入预算，因为课题经费已支付了管理费用，专门用于补助课题承担单位房屋和设备的使用折旧及水、电、气、燃料的消耗。

4. 差旅费

差旅费是指在课题研究开发过程中开展课题实验（试验）、科学考察、业务调研、学术交流和参加会议等所发生的外埠差旅费和市内交通费等。编制时应把握以下四点：

（1）可以申报的差旅费应仅限于科研团队成员进行的项目相关活动，比如外出开展实验、考察、调研、业务洽谈及参会所产生的费用，包括机票、交通票证、住宿费、餐费补助以及其他相关的公共费用。与项目无关的人员产生的费用，以及项目团队成员的非项目相关其他费用，则不应计入。

（2）必须清楚列出差旅的具体原因、目的地、团队成员的职务等级，以及出差的次数、费用标准和出差天数来精确计算总费用。

（3）应当严格按照单位的统一差旅费标准进行预算编制，不得超标列支。

（4）需要对出差人员数量和出差天数进行严格控制，确保不会出现费用的重复申报。

5. 会议费

会议费是指在课题研究开发过程中为组织开展学术研讨、咨询及协调项目或课题等活动而发生的会议费用。编制时应把握以下三点：

（1）会议费主要用于覆盖课题研究过程中的各类会议开销，包括论证、咨询、研讨和结题会议的餐饮费、资料准备费用以及会场租赁费等。若有特邀专家参与，其交通费用（机票、车船票）和住宿费也应纳入预算内。但请注意，其他参会人员的差旅费用不应计入会议预算费用之中。

（2）应当严格限制会议的频次、持续时间和参与人数。通常情况下，整个课题执行期间会议的次数应不超过 5 次，每次会议期限不应超过两天，并注意控制参会人数以避免不必要的支出。

（3）预算中应详细列出每次会议的预计参与人次、参与人员的职级、费用支出标准以及会议天数，并确保这些开支标准符合财政部门的统一规定。

6. 国际合作与交流费

国际合作与交流费是指在课题研究开展过程中课题研究人员出国及外国专家来华工作的费用。编制时应把握以下六点：

（1）明确列出项目组成员出国考察、学习或培训的具体目的和它们与课题研究的直接联系，以及预计通过国际合作解决的核心科研问题。同时，需强调所访问国家或地区在相关研究领域的学术和技术优势。

（2）清楚说明聘请或邀请外国专家来华的目的和作用，以及这些活动与课题研究之间的联系，并指出预期解决的主要问题。

（3）对出国及外国专家来华的人数、级别、停留天数和费用进行详细计算，并在预算书中列出。

（4）严格限制出国和来华的人员数量及其停留时间。

（5）遵守财政部关于国际合作与交流费用的相关规定，确保费用支付标准符合规范。

（6）将国际合作与交流费用控制在整个课题预算的10%以内，以保持整体预算的平衡。

7. 出版、文献、信息传播和知识产权事务费

出版、文献、信息传播和知识产权事务费是指在课题研究开发过程中，需要支付的出版费、资料费、专用软件购置费、文献检索费、专业通信费、专利申请及其他知识产权事务等费用。编制时应把握以下六点：

（1）所有费用必须与课题研究直接相关联，任何与研究目标不直接相关的费用均不应计算在预算之内。

（2）出版费用应该基于出版物的具体信息进行精确计算，包括书目的名称、字数、册数及其相应价格。同样，期刊文章发表的费用也应根据篇数和版面费明确列出。

（3）文献检索费应根据所需文献的数量和每项检索的成本进行明确估算。

（4）信息传播费用应根据传播方式的种类、数量和单价进行估算。这可能包括但不限于数据库订阅费、信息服务费等。

（5）对于购买专用软件的费用，需要根据软件的具体类型、所需数量和单价进行合理计算。

（6）知识产权事务费用，如专利申请费用，应根据申请的类型、数量以及相关的注册和维护费用进行细致计算。

（三）劳务费

1. 劳务费

劳务费是指在项目实施过程中支付给参与项目研究的研究生、博士后、访问学者和项目聘用的研究人员、科研辅助人员等的劳务性费用，以及支付给临时聘请的咨询专家的费用等。编制时应把握以下四点：

（1）发放范围应严格控制在参加课题研究的研究生和临时聘用人员。

（2）参考标准：参照当地科学研究和技术服务业从业人员的平均工资水平。

（3）根据人员在项目研究中承担的工作任务确定，由单位缴纳的社会保险补助、住房公积金等纳入劳务费科目列支。

（4）不得变相发放给本课题组中属于本单位的在职研究人员。

2. 专家咨询费

专家咨询费是指在课题研究开发过程中，支付给临时聘请的咨询专家的费用，不得支付给参与本项目及所属课题研究和管理的相关人员。编制时应把握以下两点：

（1）严格执行财政部文件规定的发放标准。以会议形式组织的，高级专业技术职称人员的专家咨询费标准为（税后）1 500～2 400元/（人·天），其他专业人员的专家咨询费标准为（税后）900～1 500元/（人·天）。

（2）院士、全国知名专家，可按照高级专业技术职称人员的专家咨询费标准上浮50%执行。

上述标准可能会有不定期的调整，请留意财政部门或单位财务部门公布的最新标准。

（四）间接费用

间接费用是指在课题研究开发过程中，使用本单位现有仪器设备及房屋，日常水、电、气、暖消耗，其他有关管理费用，以及激励科研人员的绩效支出。一般按照不超过项目直接费用扣除设备购置费后的一定比例核定，并实行总额控制，具体比例如下：

（1）500万元及以下部分为30%。

（2）超过500万元至1000万元的部分为25%。

（3）超过 1000 万元的部分为 20%。

上述各支出科目占课题预算的比例，财政部文件没有具体明确的规定，科研财务助理需根据课题的申报书，协助科研人员做好预算编制。在课题执行过程中，各项比例会有差异和调整，应根据课题实际支出需要确定。

（五）预算编制工作中应注意的问题

1. 有自筹经费的课题承担单位应注意的问题

在准备项目经费预算时，务必注意以下两点：首先，确保提供确凿的自筹经费来源证明。这部分资金应为现金形式，可以是单位自有的资金，或者是专门为本项目研究准备的其他现金资金。绝不能用房产、设备、科研材料，或者提供的水、电、气和供暖服务等实物资产的价值来代替现金。其次，编制预算时，自筹资金应依照预算中规定的科目进行详细划分。通常情况下，不宜将政府专项资金和自筹资金归入相同的支出科目。这种分别编制有助于保持预算的清晰性和符合财务规定的要求。

2. 项目承担单位有合作单位时应注意的问题

为了确保项目预算的一致性和整体性，每个参与合作的单位应根据其合同中规定的任务书及上文提到的预算编制要求，分别制定各自的分预算或子课题预算。在完成这些分预算或子课题预算之后，需要将它们汇总。这个汇总过程要保证所有单独预算的各项支出科目和预算总额与项目的总体预算相吻合，以确保整个项目的财务管理既统一又符合规定。

3. 编制项目预算说明应注意的问题

在编制项目预算时，附加的详细编制说明至关重要，以确保评审专家能够准确理解预算编制的逻辑和合理性。为此，编制说明应当注重以下三个方面的内容：

（1）支出与目标的关联性：每一项支出都需要明确展示其与课题目标的直接关联性。对于费用的计算，必须提供一个明确的细化计算过程，包括费用标准和数量，以便评审人员可以清晰地看到每一笔费用的来源和计算依据。

（2）预算科目的合理性：所有预算科目的费用支出都应当基于充分的事实依据，保证费用的合理性和标准的合规性，并确保计算的准确性。这样做的目的是，提高预算的可信度，使评审专家信服，以获得他们的信任与支持。在编制预算时，应当尽量站在评审专家的立场上，从他们的角度审视和评估预算编制的合理性。

（3）预算说明的精确性：在撰写预算说明时，要避免使用含糊不清的表述。使用精确的词语，明确地说明预算的每一部分，避免使用"大约""可能"等模糊的语言，因为这会削弱预算说明的明确性和可信度。准确的用词和明确的描述会使预算更加透明，也更易于被评审专家接受。

四、科研项目经费执行中的预算调剂规则

根据《国务院办公厅关于改革完善中央财政科研经费管理的若干意见》（国办发〔2021〕32号）的要求，下放预算调剂权。设备费预算调剂权全部下放给项目承担单位，不再由项目管理部门审批其预算调增。项目承担单位要统筹考虑现有设备的配置情况、科研项目的实际需求等，及时办理调剂手续。除设备费外的其他费用调剂权全部由项目承担单位下放给项目负责人，由项目负责人根据科研活动实际需要自主安排。

（1）项目预算总额调剂，项目预算总额不变、项目内课题间预算调剂，变更课题承担单位、课题参与单位的，均由项目牵头单位或课题承担单位逐级向项目管理机构提出申请，经审核评估后，按有关规定批准。

（2）课题预算总额不变、课题参与单位之间预算调剂的，由项目牵头单位审批，报项目管理机构备案；课题预算总额不变、设备费预算调剂的，由课题负责人或参与单位的研究任务负责人提出申请，所在单位统筹考虑现有设备的配置情况和科研项目的实际需求，及时办理审批手续。

（3）除设备费外的其他直接费用调剂，由课题负责人或参与单位的研究任务负责人根据科研活动实际需要自主安排。承担单位应当按照国家有关规定完善内部管理制度。

（4）课题间接费用预算总额不得调增，但经课题承担单位与课题负责人协商一致后，可调减用于直接费用；课题间接费用总额不变、课题参与单位之间调剂的，由课题承担单位与参与单位协商确定。

对于项目其他来源资金总额不变、不同单位之间调剂的，由项目牵头单位自行审批实施，报项目管理机构备案。

第二节 科研项目中期汇报的准备和注意事项

科研项目中期汇报是指项目负责人根据项目申报书或主管部门的要求，在项目研究的中段时间，对项目的阶段性研究工作进行报告的制度，包括对研究开展情况、经费使用情况、执行进度等内容进行全面汇报，对执行进度滞后、经费开支不规范的情况予以及时纠正等。国家"放管服"政策出台后，以信任为前提，科研主管部门一直在优化监管措施，简化工作程序，减少各类不必要的检查和报送工作，以减少对科学研究的干扰。但是，由于各省市及地方的政策尚未完全一致，有些地方对研究周期较长的项目仍需进行中期汇报，因此，本节对中期汇报工作进行简单的介绍。

1. 研究情况

研究情况是中期报告的重点部分，重点报告课题实施以来，课题组开展研究所做的主要工作，按时间顺序有条理地说明研究工作的开展情况，陈述研究过程中做了什么、怎么做的。

科研财务助理须协助科研人员对照申报书自查课题申报时的阶段性承诺是否已经兑现。如果已经兑现了，则自查兑现的质量如何；如有未兑现的，必须对未兑现的原因进行合理解释和说明。研究的进展可以分阶段写，撰写研究进展时，可以遵从时间逻辑划分重要阶段，展示每个重要阶段的重要工作。

2. 阶段成果和预算执行情况

阶段成果是课题研究中某一阶段产生的研究成果。其内容包括客观地阐明本课题组完成研究内容、达成研究目标的情况；简要说明已经形成的基本观点或理性思考；介绍产生的客观效果等。

阶段成果可以从实践性成果、理论性成果、技术性成果等方面来写。实践性成果是指课题研究开展以后，在诸如教学活动、生产应用等方面带来的流程的优化、效率与质量的明显提升、创新实验路径、制备制式改进、节约各种消耗，乃至已生产出试验性样品、原理性样机等。理论性成果主要是指课题研究中相关量表、工具、技术手段等的开发、使用情况等。技术性成果主要指研发的平台、开发的课件等，也包含已有研究成果的获奖情况等。阶段成果和研究进展应分开写，阶段成果中要写出成果形式、成果内容。实践成果要用证据来印证，比如用数据、案例等来阐述发生的变化、产生的效果等。

针对有经费资助的课题，科研财务助理应协助课题负责人汇报课题经费的使用情况，写明金额、用途，可以使用表格明细的方式罗列出来。此外，如有拨付给合作单位的资金，要明确资金是否拨付到位，以及跟踪外拨合作单位的资金合规和有序使用情况。

3. 存在的问题和解决思路

存在的问题即对课题研究中的对后续研究产生影响的各类主要问题或困难进行描述。课题研究中会遇到很多问题，这里主要指会影响整个课题研究继续推进的问题。

科研财务助理应协助科研人员对课题研究存在的问题进行梳理，对中期阶段性的经费是否做到专款专用，支出账目是否合规，预算执行情况是否达到50%等问题进行提前自查，并针对各个问题与科研、财务等部门沟通，寻找解决问题的办法。如果故意掩盖课题经费管理中存在的问题，反而不利于课题评审专家根据问题提出有针对性、建设性的指导或改进意见。

第三节　科研项目年度报告与综合绩效评价注意事项

一、基本要求

根据《国务院关于优化科研管理提升科研绩效若干措施的通知》（国发〔2018〕25号）精神，各类科技计划项目针对关键节点实行"里程碑"式管理，减少科研项目实施周期内的各类评估、检查、抽查、审计等活动；自由探索类基础研究项目和实施周期三年以下的项目，以承担单位自我管理为主，一般不开展过程检查，只需按规定于每年年底前报送项目年度执行情况报告（含财务执行情况）。在项目实施期末，由项目管理专业机构严格依据任务书进行一次性综合绩效评价，不再分别开展单独的财务验收和技术验收。

二、年度报告和综合绩效评价中经费管理的主要注意事项

1. 资金到位与拨付情况

包括财政资金和其他来源资金的到位情况，如果有参与单位，还包括是

否按照任务进度及时向参与单位足额拨付资金。

拨付资金延迟超过 3 个月的，属于审计问题，可能会被问责。当参与单位任务进展不达标时，项目负责人必须报项目管理机构并获得纸质批文后，方可减拨该单位经费，不能擅自减拨、缓拨。外拨资金要特别注意参与单位的名称必须与合同、任务书一致；参与单位中途更名的，必须作为重大项目变更报项目管理机构同意。

2. 会计核算与资金使用情况

包括课题承担/参与单位的会计核算是否规范；支出与课题任务是否相关、经济合理，开支范围和标准是否符合规定；结题时是否有应付未付资金；相关资产管理情况；财务档案保存情况等。

3. 预算执行与调整情况

经费预算调整权大部分已下放到项目承担单位或项目负责人，但项目负责人仍需按单位制度办理必要的调剂手续。项目负责人应注意经费预算执行进度是否明显过低，特别要注意设备购置是否及时执行。尤其要避免结题前突击花钱，如无特殊理由，临结题时才配置到位的设备可能被认为不是项目所必需的而不被审计认定为支出。

第四节　科研项目结题工作与结余经费管理

一、结题审计与答辩注意事项

科研项目结题前，通常有两项工作需要科研财务助理主动介入和协助开展，其一为结题审计，其二为结题的答辩准备。这两项工作的质量，对课题能否顺利结题验收有很大影响。因此，必须引起整个科研团队的高度重视。

（一）课题的结题审计

科研项目结题的财务审计，一般是在科研工作全部完成后，对科研经费开支的合法、合规与合理性进行监督检查，审计内容涵盖从立项批复到预算执行过程涉及的各类经费支出，以及科研单位的财务核算制度执行情况与内部控制制度建设情况等。

1. 审计要求

各类科技计划、基金项目对结题时是否需要进行外部审计有不同的要求，科研财务助理要认真了解各类科技项目的管理规定，尽早做好准备。国务院办公厅《关于改革完善中央财政科研经费管理的若干意见》（国办发〔2021〕32号）提出了选择部分创新能力和潜力突出、创新绩效显著、科研诚信状况良好的试点单位，由其出具科研项目经费决算报表作为结题依据，取消科研项目结题财务审计。试点单位对经费决算报表内容的真实性、完整性、准确性负责，项目管理部门适时组织抽查。

对于需要进行外部审计的项目，在项目结题综合绩效评价前，要选择具有资质的会计师事务所进行结题财务审计。

2. 科研项目的迎审自查工作

为了达到审计组的要求，配合审计组快速开展工作，在开展结题审计前，科研财务助理应积极协助科研项目负责人做好迎审工作，检查各项费用支出管理是否到位，如发现未按要求进行管理，应及时纠正或补救。

其一，对于专项经费的管理都应实行专账核算，专款专用。经费支出中不能存在使用单位零余额账户支付或者自筹经费和财政资金交叉使用的情况。如发现有使用零余额账户支付经费支出，应尽快进行调账处理。确保资金已从实拨资金账户退回零余额账户，并提供银行单据等相关证明佐证。

其二，应对课题经费开支明细进行梳理，排查是否有不在预算范围内或与相关课题支出无关的开支。例如，在研究项目中有和本课题不相关的人员差旅费报销，或购买通用设备不在预算范围内。如发现存在上述无关开支误列在课题中，应及时与科研部门、财务部门协商，进行调账纠正。

其三，检查与课题经费管理相关的待审计资料是否齐全。资料须真实完整且能表明相关收支的金额以及与项目开展的相关性，包括各类会计报表、原始凭证和项目相关文件等。如各类审批单、银行账单、发票、合同验收单，列明划拨资金的项目任务书，与资金调剂相关的批复文件，设备支出明细账和购置设备台账，项目有关的劳务费合同，会议相关的邀请函与会议纪要等与项目相关的佐证材料。

其四，检查配套资金是否管理得当。配套资金包括：地方财政资金、单位自筹资金和从其他渠道获得的资金。需根据其来源分别单独核算，且应按照国家、地方及单位相关的财务会计制度和相关资金提供方的具体使用管理要求，统筹安排。

其五，检查应付未付支出和预计支出是否及时统计，是否按规定流程做好相关审批手续，都需在财务验收申请报告中说明。

应付未付支出是指在项目周期内发生，但在审计基准日尚未支付的，与项目科研活动相关的费用。如已购买用于项目科研的设备或材料在审计基准日尚未支付的货款，测试化验加工结果已被项目采用但尚未支付的费用等。应有合同、发票等佐证材料。

预计支出是指项目审计基准日后发生或预计发生的项目相关支出。一般是与项目绩效评价和成果管理有关的支出，应附上说明材料。

其六，严格按资金使用规范调用经费，不得发生违规使用资金行为，包括但不限于：

（1）不得擅自调整外拨资金额度。

（2）不得利用虚假票据套取资金。

（3）不得通过编造虚假合同、虚构人员名单及工作事项等方式虚报冒领劳务费和专家咨询费。

（4）不得通过虚构测试化验内容、提高测试化验支出标准等方式违规开支测试化验加工费。

（5）不得随意调账变动支出、随意修改记账凭证、以表代账来应付财务审计和检查。

其七，根据相关规定，财务验收申请报告附件材料一般包括但不限于：

（1）正式预算书中《承担单位研究经费支出预算明细表》复印件。

（2）课题外拨经费工作协议、外拨经费银行汇款单及其全部记账凭证复印件。

（3）单价10万元以上设备明细账及单价10万元以上预算外设备记账凭证复印件。

（4）单价5万元以上预算外材料费、测试化验加工费记账凭证及委托合同复印件。

（5）劳务费和专家咨询费支出明细账、5笔大额支出的记账凭证及发放签收单复印件。

（6）重大事项调整申请文件及相关批复文件。

（7）课题承担单位权限范围内预算调整内部审批文件。

（8）针对中期检查、专项审计、巡视检查等管理环节发现问题的整改报告以及相关证明材料。

（9）课题单位对审计报告有关结论有不同意见的，可补充提供相关说明及证明材料（如记账凭证、原始凭证、合同协议等）。

其八，结题审计应选取在资金提供方备案的会计师事务所担任。

自查完成后，项目研究单位可根据相关指引，选取在资金提供方通过法定程序确定备案的合资质的会计师事务所，由其提供结题审计服务。

3. 审计注意事项

（1）科研财务助理应认真学习项目验收结题评价操作指南，了解预算调剂、设备管理、人员费用等在会计、审计方面的具体要求，吸取以往结题审计项目的经验教训，避免因对政策法规理解不全面，或执行不到位而出现偏差。

（2）项目申请结题时，科研财务助理负责编制项目财务决算，打印项目支出明细，按验收部门要求调取、复印财务凭证，整理编号并与收支明细对应好以便查核。如有承诺配套经费的，配套经费要单独编制财务决算。

（3）有合作单位的，要及时要求合作单位提供支出明细和财务凭证，并加盖合作单位财务章，将所有单位收支情况合并编制整个项目的财务决算。因此，科研财务助理在要求合作单位提供相关资料时，应为自己在后期整理资料、汇总数据和合并编制整个项目的财务决算预留足够的工作时间。

（4）重大项目的审计应报告单位科研和财务管理部门，争取管理部门的支持配合。

结题审计常见问题如下：

（1）当项目资金经上级单位下拨，上级单位扣除了部分管理费用时，承担单位未将这部分管理费用纳入收入和支出范围，同时未提供制度依据。

（2）外拨资金时，参与单位的名称与合同任务书不一致，或没有及时拨付。

（3）支出事项与课题任务不相关、不合理，开支范围和标准不符合规定，如购买非专用设备，如办公电脑等，违规支出接待费等。

（4）项目研究所需的设备临结题时才到位，有结题前突击花钱的嫌疑。

（5）项目采购的科研设备、耗材账物不符或随意串换，甚至虚假采购套取资金。

（6）支付的项目聘用人员薪酬、研究生劳务费期限超出项目实施期限。

（7）在项目经费中为已在本单位领取工资薪酬的在职人员发放劳务费。

（二）结题答辩工作

并不是所有的课题结题都需要答辩，因此，科研财务助理应根据课题主管部门在结题通知中的要求，认真确认课题结题是否需要答辩，协助课题负责人做好答辩准备：

（1）准备课题结题答辩材料。科研财务助理协助课题负责人了解答辩文件，及时准备好完整的答辩所需相关材料，例如某省级课题要求的答辩材料：汇报 PPT 一份、结题报告书 8 份、支撑材料 8 份、经费使用情况表 8 份等。

（2）科研财务助理要对答辩材料中的经费立项书、经费使用情况做到心中有数，对课题经费管理存在的问题，要提前准备好说明等支撑材料。

（3）提前推测专家可能会问的问题，准备好几个备选的方案或者标准答案。

（4）注意着装正式、回答声音洪亮、态度谦虚等。

二、科研项目结余经费的管理与使用

结余经费是指项目结题验收通过后或因故终止时，课题经费总收入减去实际总支出，减去项目财务验收时认定的后续支出，所得的经费余额。目前，各类纵向科技计划项目中，除中国博士后科学基金规定资助经费结余部分应当收回基金会外，其余科技计划项目在完成任务目标并通过综合绩效评价后，结余资金留归项目承担单位统筹使用。

项目承担单位要将结余资金统筹安排用于科研活动直接支出，优先考虑原项目团队科研需求，并制定相应制度，加强结余资金管理，健全结余资金盘活机制，加快资金使用进度。

如未通过结题综合绩效评价的，要将财务决算余额退回经费下达部门；如被认定有严重违规或科研诚信问题的，应根据项目管理部门的处理决定退回项目经费余额或退回项目全部下达资金。

项目已结题后，科研财务助理应根据本单位制定的科研经费结账管理办法，明确课题结账时间和结余经费的用途，做好科研项目结余经费管理。

（一）国家科研课题结余经费的政策要求

国家科研相关政策规定，对于结余资金留用与否，需要考量项目的目标任务是否完成并通过验收，同时还与项目依托单位的信用评价情况挂钩。若项目依托单位信用评价差，即使项目目标任务完成且通过验收，其与未通过验收和整改后通过验收的项目一样，科研课题结余资金仍将按原渠道收回。

项目结余资金留用的，按规定在一定期限内由单位统筹安排用于科研活动直接支出，并将使用情况向项目主管部门汇报。但结余资金超过一定期限可能收回。结余资金的管理与使用权归属于项目依托单位，而不是课题组或课题组成员，并且受项目主管部门监管。例如：科研管理部门负责科研项目的结题管理及结余经费的统筹安排；财务部门负责科研项目结余经费的使用管理；审计部门负责对科研项目结余经费的使用和管理进行定期或不定期审计监督。

科研财务助理协助科研项目负责人在项目执行期结束时，及时办理项目结题，及时办理财务决算或验收，按规定办理结账和使用结余经费，且向科研项目负责人明确其对科研项目的结题结账资料和经费使用的合法性、真实性和有效性承担经济与法律责任。

（二）科研项目结余经费的管理

科研财务助理应协助科研项目负责人合理安排课题经费支出，提高项目年度预算的执行效率，最大限度地减少资金的结余，不得违反规定使用和转移结余资金。科研财务助理在项目开展前应提醒科研人员：项目实施过程中因故终止执行或项目未通过验收，或整改后通过验收，课题结余经费需按原渠道收回。

科研财务助理应熟悉科研项目主管部门（或委托方）对结余资金的相关政策，针对已经通过财务验收的科研项目，应按有关规定执行。如项目主管部门（或委托方）无明确规定，应按照本单位科研管理部门的意见执行，例如通知财务部门收回单位预算统筹使用等。

结余经费的使用范围为用于科学研究延续或预研的直接支出。纵向科研项目的结余经费主要用于设备费、材料费、测试化验加工费、燃料动力费、差旅费、会议费、国际合作与交流费、出版/文献/信息传播/知识产权事务费、劳务费、专家咨询费及数据采集费等支出。横向科研经费的结余经费主要用于科研业务费、设备购置及维护费、实验室改装费、劳务费、专家咨询费等支出。

结余经费中各预算科目的使用不再设置比例限制，项目组可根据研究需要据实列支。

结余经费应严格按有关科研经费直接费用的开支范围的财经法规要求来使用和管理，严禁购买与科学研究无直接相关的设备、材料；严禁虚构经济业务、使用虚假发票套取经费；严禁在结余中报销个人家庭消费支出；严禁虚列、伪造名单，虚报冒领劳务费。

第五节　科研项目经费的监督与检查

在目前"放管服"的大政策环境下，国家不断优化科研项目结题验收的财务管理，将财务验收和技术验收予以合并，在项目实施期末实行一次性综合绩效评价。尽管如此，我们应该看到，国家在下放承担单位和项目负责人科研项目资金管理自主权的同时，并非弱化监管，各级管理部门仍然会从自身职能出发，从维护国有资产安全，保障科研投入产出效率等工作的需要出发，不断强化科研项目经费的检查监督。项目承担单位对科研项目的日常管理，不但要防止"重申报、轻管理"的不良倾向，更要依据自身防范和化解管理风险的需要，由内部相关职能部门开展常态化检查监督。

一、科研项目经费检查和监督的形式

1. 项目主管部门的常规检查监督与专项检查监督

项目管理部门进一步强化绩效导向，从重过程向重结果转变，加强分类绩效评价，对自由探索型、任务导向型等不同类型科研项目，健全差异化的绩效评价指标体系；强化绩效评价结果运用，将绩效评价结果作为项目调整、后续支持的重要依据。同时加强审计监督、财会监督、纪检监督与日常监督的贯通协调，增强监督合力，严肃查处违纪违规问题。加强事中事后监管，创新监督检查方式，实行全面检查和随机抽查、专项检查相结合，推进检查监督数据交汇共享和结果互认，减少过程检查，充分利用大数据等信息技术手段，提高检查监督效率。

对项目承担单位和科研人员在科研经费管理使用过程中出现的失信情况，纳入信用记录管理，对严重失信行为实行追责和惩戒。探索制定相关负面清单，明确科研项目经费使用禁止性行为，有关部门根据法律法规和负面清单进行检查、评审、验收、审计。

2. 项目承担单位内部职能部门的自主检查监督

项目承担单位要落实好科研项目实施和科研经费合规使用的主体责任，严格按照国家有关政策规定和权责一致的要求，强化自我约束和自我规范，确保科研自主权接得住、管得好。

（1）项目承担单位要与时俱进，根据国家科研政策的变化和科研事业发展的需要，及时完善内部管理制度和内控程序，包括科研经费外拨管理、设备与材料招标采购管理、会议差旅费管理、劳务费等规章制度及审批流程建设，做到有章可循，有据可依。

（2）加大政策宣传培训力度。要通过多种渠道、多种方式，加强科研经费管理相关政策宣传解读，加大对科研人员、财务人员、科研财务助理、审计人员等的专题培训力度，不断提高经办服务能力水平。

（3）各职能部门动态监管经费使用并实时预警提醒，确保科研经费合理规范使用。

（4）严管与厚爱相结合，财务和科研部门开展常态化专项核查，以制度化的监督和指导筑好"安全网"、加固"防火墙"；纪检监察部门开展警示教育，以教训深刻的案例为载体，讲规矩、画底线，营造"廉洁自律、锐意进取、开拓创新"的科研文化。

二、科研项目经费检查监督的重要意义

常态化和制度化的检查监督，对于项目承担单位和课题组来说，均具有重要意义。一是通过检查监督，可以及时发现问题，纠正错误，避免问题进一步发展和恶化，确保项目研究按时完成并顺利通过验收；二是通过检查监督有效预防出现重大负面事件，及时防范化解重大风险，维护科研人员的形象，维护单位声誉，保护好科学家；三是通过对检查监督发现问题的整改，促进承担单位加强科研管理的内部控制，加快制度建设，强化科研人员的底线思维，全面提升单位对科研工作的治理能力。因此，对于各项必要的监督检查，我们应以平和开放的态度，积极支持配合。

本章小结

本章系统介绍了科研项目预算编制方面的知识与技巧，以及预算调整的规则、项目年度报告及结题综合绩效评价的注意事项、课题检查和结题审计注意事项、结余经费的管理与使用、科研经费检查监督的重要意义，是对科研财务助理综合知识的全面普及，同时指导其对知识的综合运用。期待财务助理通过本章的学习，进一步夯实基础知识，全面提升综合技能，使自己成为科学家身边不可或缺的"小管家"。

下编

拓展知识——从新手到高手

第六章
内部控制制度与科研工作

学习指引

本章旨在让科研财务助理了解并初步掌握内部控制制度的概念和原理，重点阐述内部控制在各阶段科研工作中的应用，如控制目标、风险管控、控制措施等，着力培养其内部控制思维，使其守稳工作底线。

第一节 内部控制的概念、原理及重要意义

内部控制与财务工作以及科研业务均息息相关，科研财务助理作为课题组中财务工作和业务工作的桥梁与纽带，很有必要了解内部控制的概念、原理，在工作中不断强化内部控制思维，确保优质高效地完成本职工作。

一、内部控制的定义与具体内容

根据《行政事业单位内部控制规范（试行）》（2012）的定义，行政事业单位内部控制是指为实现控制目标，通过制定制度、实施措施和执行程序，对经济活动的风险进行防范和管控。而《公立医院内部控制管理办法》（国卫财务发〔2020〕31号）要求内部控制建设应与医疗、教学、科研等业务管理和经济管理紧密结合，从传统的6项经济业务活动拓展到更广范围的业务活动，涵盖包含科研业务在内的共计12项业务层面内部控制内容。这12项业务包括预算业务、收支业务、采购业务、资产业务、基本建设业务、合同业务、医疗业务、科研业务、教学业务、互联网医疗业务、医联体业务以及

信息化建设业务。2023 年印发的《关于进一步加强公立医院内部控制建设的指导意见》要求，要优化完善科研项目管理制度，确保科研自主权接得住、管得好。因此，在科研管理工作中加强内部控制是有充分必要性和制度依据的。

二、内部控制原理及实施环节

内部控制管理是全员参与的过程，并非某个部门的事情，内部控制管理过程就是要让单位或组织实现目标。以公立医院为例，《公立医院内部控制管理办法》（2020）拓展了内部控制的客体范围，明确内部控制管理活动本身涉及医院的所有部门、所有人员、所有管理者，是一个全面的管理模式，是公立医院的管理者为满足医院高质量管理的需要，主动建立的内部制衡约束机制。因此，内部控制是一个单位或组织为实现特定目标而设定的一项管理活动，是内部约束机制的重要组成部分。

从内部控制机制的特点来看，其关键节点在于流程管理，强调的是过程的科学性和导向性。主要贯穿内部环境、风险评估、控制措施、信息与沟通和评价与监督。其中，内部环境是各单位根据国家有关法律法规等要求建立的治理结构和议事规则，以形成科学有效的职责分工和制衡机制；风险评估是各单位及时识别、系统分析经营活动中与实现内部控制目标相关的风险，合理确定风险评估策略的过程；控制措施是对经过风险评估的执行过程进行的控制方法；信息与沟通是以制度明确的内部控制相关信息的收集、处理和传递的内容和途径；评价与监督是通过日常监督和专项监督确保内部控制的安全有效方式。内部控制的流程管理相互融合，最终形成完整的闭环管理过程。

从内部控制实施的方法论来看，它主要通过制度流程化、流程岗位化、岗位职责化、职责表单化、表单信息化、信息数字化的过程来实现，最终表现为业务组织形式和职责分工制度，成为各单位一系列内部管控的重要抓手。因此，内部控制管理具有共性需求，是将内部控制的方法、措施、程序融入日常管理，并通过规范经济活动驱动业务活动的规范化，最终实现业务目标的过程。

三、科研单位开展内部控制建设的重要意义

从科研单位或科研业务来看，内部控制是单位为实现控制目标，通过制

定制度、实施必要的措施和执行程序，对科研活动的风险进行防范和管控，保证科研工作顺利进行的制度性安排。因此，内部控制的实质是风险控制，风险管理是内部控制的主要内容，做好内部控制是做好风险管理的前提。

一方面，有效的内部控制有利于提高单位的整体管理水平。无论哪个单位，在发展过程中都会遇到各种各样的风险。如果单位内部有一个良好的控制体系，员工便可紧扣制度体系约束，提升工作价值和效率，通过信息的收集、数据的分析等科学的方法帮助单位在发展过程中规避一些潜在的风险。另一方面，良好的内部控制体系可有效提高单位的整体运营效能。各单位的业务发展离不开经营活动的正确决策。如果单位内部有一个良好的控制制度，将能通过流程再造、堵塞漏洞、细化流程与优化效率等环节，不断规范、提升重点领域、关键岗位的运行流程与岗位职责以及制约措施的水平，进而增强单位财务报告的可靠性，增强业务行为的合法合规性，提升单位整体运营绩效。因此，开展内部控制建设在管理上具有重要意义。

第二节　科研项目管理控制与内部控制目标

科学研究一般是指在发现问题后，经过分析找到可能解决问题的方案，并利用科研实验和分析，对相关问题的内在本质和规律进行调查研究、实验、分析等的一系列活动。科学研究大多需要中长期的跟踪随访，研究过程需要投入较多的人力、物力和财力。因此，为保证研究的质量，确保研究目标的实现，需要对项目进行必要的管理控制。

一、科研项目管理控制的定义

科研项目管理控制是针对科研项目立项申请、组织实施、结题验收、成果转化以及投入实践应用进行计划、组织、实施和控制的全程管理过程，目的是让科研项目实行制度化和科学化的管理，为科研项目顺利完成提供保证，获取成果、培养人才、实现效益，使竞争力不断增强。科研项目管理的基本流程包括项目立项、项目实施、结题验收、成果管理四个阶段。

二、科研项目管理各阶段的内部控制目标

1. 项目立项内部控制目标

（1）项目立项管理规定明确、工作流程清晰，项目申请、审核程序规

范，确保项目申请材料的真实性和完整性。

（2）规范化编写立项申请书，确保具有清晰明确的依据，符合编制要求。

（3）科学合理地编制预算，确保项目实际研究需求得到满足。

2. 项目实施内部控制目标

（1）及时拨付资金，高效规范应用资金，不断强化科研项目资金的全流程应用与管控力度，使资金利用率大幅提升。

（2）按照国家文件精神，明确项目负责人职责权责，保证其在项目经费使用、进度控制、成果登记、知识产权保护等方面的权益，确保科研项目资料的真实性和完整性。

3. 结题验收内部控制目标

（1）规范科研项目结题验收管理，确保科研项目如期按规定进行结题验收和结项处理，防止科研经费长期沉睡，避免科研资产浪费。

（2）科研项目验收规章制度完善，验收流程严格，确保报告、资料、数据结论的真实性和可靠性。

4. 成果管理内部控制目标

（1）完善科研成果管理制度，明确部门职责分工，组织科研成果的评价鉴定，促进成果转化与应用。

（2）针对科研成果，构建申报、转让与信息应用登记机制，并对其不断健全和优化，让研究人员权益得到更有力的保障。

第三节　科研项目主要风险点及其内部控制措施

一、科研项目的主要风险点

风险是指某种特定的意外事件发生的可能性与其产生的后果的组合。科研项目面临的风险及挑战十分复杂，故科研项目的风险管理及防范措施非常重要。必须找准风险点，提前干预，落实预防措施，将风险控制在有限的范围内。

1. 项目立项的主要风险点

（1）项目申请书编写。项目申请书编写不规范，编写人员专业性不足，导致项目申请书缺乏科学性，申请书编写流于形式。

（2）项目决策审核。评审人员缺乏专业性，经验不足，评审机制建立不合理，导致项目决策评审结果不科学。

（3）项目预算申报。编制预算的过程规范水平偏低，对应的审批制度并不健全，有关部门之间并未及时、高效地进行信息传输与沟通探讨。同时，由于项目负责人通常对市场行情、资源采购和财务管理等事项了解不深入，申报项目时预算编制不科学、不合理的现象十分普遍。

2. 项目实施的主要风险点

（1）项目经费来源。项目经费来源主要包括国家各部门财政的纵向资金、各类社会组织的横向资金及自筹资金，其中自筹资金因经费难以保证，风险最高。

（2）项目经费使用。因国内或国外行情变化，实验设备、器材及试剂等物价上涨，导致成本支出加大，经费不足而影响项目进展。同时，由于缺乏财务知识，导致项目经费使用不合理。

（3）科研物资的采购与实物管理。科研项目组承担的创新型工作使科研物资采购具有多元化、个性化特点，课题组可能购买到不适用的科研物资。同时，因缺乏对供应商的了解，尤其是在比价方面缺乏经验，可能采购到价格虚高的科研物资。另外，还存在科研物资积压过期、管理不善造成丢失等风险。

（4）项目进度与质量。项目申报时"挂名"现象普遍，项目组成员临时组建，许多高级职称人员仅起到挂名作用，科研人员协作性差。由此导致项目立项后，研究进程推进缓慢、资源浪费及创新性不足等问题，不能按时高质量完成项目。

（5）重要事项变更。在项目开展过程中，变更研究目标、研究内容、研究期限、经费预算、成员调整等重要事项时，项目负责人未按照规定进行书面申报，而是自行调整，由此影响研究进程和质量。

3. 结题验收的主要风险点

（1）项目验收流程。项目验收流程流于形式，验收专家小组对项目结果的真实性、科学性关注度不够。

（2）验收专家构成。验收专家成员结构不合理，例如专家成员过于单一、缺乏熟悉财务及管理方面的专家或相关专家非本项目研究领域人员等。

4. 成果管理的主要风险点

（1）成果转化与应用。科研成果转化形式选择不当，处置方式不合理，影响项目承担单位及研究团队/人员的合法权益。

（2）成果档案。未建立成果档案管理制度，未对成果进行登记管理，未对档案进行集中保管，不利于日后查阅、检查。

二、科研项目的内部控制措施

1. 项目立项的控制措施

（1）加强申报门槛限制，对于尚未结题的科研项目负责人，不允许其申报其他科研项目。

（2）加强项目评审，对研究目标、研究计划、项目预算等内容的科学性、可行性进行严格审核，确保项目立项依据充分。

（3）加强立项环节财务审核，财务人员应审核各科研项目经费预算的合理性，发现问题及时沟通修改完善。同时，加强对科研团队/人员的财务培训，促使科研经费预算申报、使用更加合理，对合作单位进行必要的事前财务审查。

2. 项目实施的控制措施

（1）医科单位可以通过每年预留专项资金的方式，应对突发事件引起的物价上涨所致成本不足等问题。同时，对于一部分前期研究基础好、经费不足的自筹项目予以支持。鼓励自筹经费项目申报其他科研项目，为后续研究打好研究基础。

（2）改变项目拨款方式，一般按照研究进度实行分期拨款是比较合理稳妥的方式，或根据项目研究阶段分期拨款。拨款前期增加中期检查环节，审查项目前一个研究阶段的进展情况、是否有预期成果产出、经费使用是否规范等。如中期检查不合格，则暂停项目经费拨款。立项部门一次性拨付经费的，承担单位可以通过财务管控的方式进行分期拨款，对不良项目经费可以通过冻结的方式进行管控。

（3）制订科学合理的科研物资采购计划，加强供应商管理，避免价格风险，保证科研物资产品质量。同时，加强科研物资领用管理，不断提高科研物资领用的信息化水平，借助信息化手段，实现科研物资领用的高效可控。

（4）鼓励项目研究团队固定化，对有长期合作关系或者良好科研业绩的科研团队，在科研项目立项上予以倾斜，并在经费上予以重点扶持。一方面可以保障项目团队的协作性，另一方面可以保证在项目负责人因故不能主持研究时，其他骨干成员可暂时代替其工作。

（5）建立重要事项变更申报机制，凡涉及研究目标、研究内容、研究期限、经费预算、成员调整等重要变更事项，项目负责人依据对应规定提交书面报告，经科研管理部门审批通过以后，向项目主管部门提交报告，经主管部门批准以后才可以进行相应的调整。

3. 结题验收的控制措施

（1）完善科研项目结题验收制度，提高评审标准，优化评审流程，对不能按时结题或者无关科研成果产出立项的项目，按相关管理规定处理。

（2）进一步优化验收专家小组结构，专家小组应由熟悉专业技术、经济、管理等方面的专家组成，通常成员人数为 3 ～ 5 人，且至少有一名财务专家。同时，提高参评专家门槛，例如相关专家应具备高级职称满 2 年，主持过省部级及以上课题，为研究生导师或者有参与硕士、博士答辩的经验，为省级及以上科研项目评审专家等。

4. 成果管理的控制措施

（1）加强科研成果转化与应用，通过设立专业部门或引入外部专家从成果披露开始介入，经过成果评估、知识产权保护、选择合适转化方式等，最终帮助科研团队/个人完成科研成果的转化落地，并强化推广应用。

（2）建立健全科研成果登记管理机制，加强档案管理。明确成果管理岗位职责和流程，在完成科研成果鉴定后，及时进行登记记录、成果资料归档与装订。

本章小结

　　针对科研项目自身的特点，本章简单介绍了内部控制的概念和原理，立足于科研经费管理的项目立项、项目实施、结题验收、成果管理四个阶段，以内部控制为抓手，从每个阶段的控制目标、主要风险点，以及对应的控制措施进行阐述，旨在帮助科研财务助理进一步了解科研项目内部控制的内涵，加强科研项目控制及管理，以利于科研项目目标的实现。

第七章
经济法与合同管理常识

学习指引

　　科研财务助理的工作职责和面临的工作任务，决定了其不但要熟知科研与财务知识，更要懂得运用法律来维护科研团队的正当权益。因此，科研财务助理有必要知晓经济法，学会运用法律武器来维权。合同是维护合法权益非常重要且有效的工具，本章将引入经济法的有关概念，同时比较全面地介绍合同常识，以全面提高科研财务助理的综合技能。

第一节　经济法及与经济法相关的几个重要概念

　　全面依法治国是新时代中国特色社会主义的本质要求和重要保障。习近平总书记在党的二十大报告中旗帜鲜明地指出：要坚持走中国特色社会主义法治道路，建设中国特色社会主义法治体系、建设社会主义法治国家，围绕保障和促进社会公平正义，坚持依法治国、依法执政、依法行政共同推进，坚持法治国家、法治政府、法治社会一体建设，全面推进科学立法、严格执法、公正司法、全民守法，全面推进国家各方面工作法治化。因此，在新时代背景下，以"提供复合型、专业化秘书服务"的身份角色加入科研团队的科研财务助理，必须懂法、用法、守法，尤其是要善于运用法律武器来维护科研团队的切身利益。例如申报专利和知识产权、科研成果转化、采购业务、科研合作、项目申报等工作，都需要科研财务助理从严肃的法律视角去审视各类业务的合法性、合规性，并自觉运用法律武器维护团队的合法权益。

一、经济法概述

经济法是国家在管理与协调经济运行过程中调整发生的经济关系的法律规范的总称。经济法体系一般作如下划分：

（1）经济组织法，指经济组织的法律制度，主要是企业法律制度，如公司法、合伙企业法、独资企业法等。

（2）经济管理法，指国家在组织管理和协调经济活动中形成的法律制度，主要是财税、金融、价格、市场和特定行业管理法律制度等，如增值税法、预算法、政府采购法等。

（3）经济活动法，指调整经济主体在经济流通和交换过程中发生的权利义务关系而产生的法律制度，主要是《中华人民共和国民法典》（简称《民法典》）合同编等。

基于科研财务助理的主要岗位职责，编者认为，科研财务助理有必要重点了解《会计法》、《民法典》合同编、科研管理相关法律法规、知识产权法律制度（主要由著作权法、专利法、商标法、反不正当竞争法等若干法律、行政法规或规章、司法解释、相关国际条约等共同构成）等。掌握这些法律知识，能够使科研财务助理工作更加得心应手，依法办事更踏实，更好地为科研团队服务。本教程后面的附录一和附录四所列举的科研财务助理应知应会的法律法规和相关政策制度选编（目录清单），可以作为科研财务助理进一步提升专业知识和业务技能的学习材料。

二、与经济法密切相关的几个重要概念

（一）自然人和法人

自然人即生物学意义上的人，是基于出生而取得民事主体资格的人。其外延包括本国公民、外国公民和无国籍人。自然人与公民不同，公民仅指具有一国国籍的人。根据《民法典》，自然人从出生时起到死亡时止，具有民事权利能力，依法享有民事权利，承担民事义务。十八周岁的自然人为成年人，不满十八周岁的自然人为未成年人。成年人为完全民事行为能力人，可以独立实施民事法律行为，并对自己的行为负责；而不能完全辨认自己行为的成年人为限制民事行为能力人。

法人是具有民事权利能力和民事行为能力，依法独立享有民事权利和承担民事义务的组织。法人应当依法成立，有自己的名称、组织机构、住所、

财产或者经费。法人的民事权利能力和民事行为能力，从法人成立时产生，到法人终止时消灭。法人以其全部财产独立承担民事责任。

依照法律或者法人章程的规定，代表法人从事民事活动的负责人，为法人的法定代表人。例如，一般情况下，公立医院的院长就是这家医院的法定代表人。

法人的本质是法人与自然人同样具有民事权利能力，能够成为享有权利、负担义务的民事主体。《民法典》以法人成立目的的不同为标准，将法人分为营利法人、非营利法人和特别法人。

以取得利润并分配给股东等出资人为目的而成立的法人，为营利法人。营利法人包括有限责任公司、股份有限公司和其他企业法人。

为公益目的或者其他非营利目的成立，不向出资人、设立人或者会员分配所取得利润的法人，为非营利法人。非营利法人包括事业单位、社会团体、基金会、社会服务机构等。

《民法典》规定的机关法人、农村集体经济组织法人、城镇农村的合作经济组织法人、基层群众性自治组织法人，为特别法人。

（二）非法人组织

非法人组织是不具备法人资格，但是能够依法以自己的名义从事民事活动的组织。

常见的非法人组织有：个人独资企业、合伙企业、不具有法人资格的专业服务机构等。非法人组织应当依照法律的规定登记，设立非法人组织，法律、行政法规规定须经有关机关批准的，依照其规定。非法人组织的财产不足以清偿债务的，其出资人或者设立人承担无限责任，法律另有规定的，依照其规定。是承担有限责任还是承担无限责任，这一点是法人组织与非法人组织最大的区别。

（三）所有权和使用权

所有权是指所有权人对自己的不动产或者动产，依法享有占有、使用、收益和处分的权利。所有权是最重要的物权与财产权，它是交易发生的前提，也是交易追求的结果，并通过交易发生转移。从定义可知，所有权具体包括以下四项权利：

（1）占有权，民事主体对于标的物实际上的占领、控制。

（2）使用权，依照物的性质和用途，并不毁损所有物或变更其性质而加以利用。

（3）收益权，收取标的物所产生的利益。

（4）处分权，决定财产事实上和法律上命运的权能。

所有权具有以下法律特征：

（1）所有权是法定的财产权。

（2）所有权的主体为所有人。

（3）所有权的客体仅限于有体物、特定物。

（4）所有权是独占的支配权。

（5）所有权是无期限限制的权利。

（6）所有权是完全物权，包含了四项权能，即：占有权、使用权、收益权、处分权。

使用权是指不改变财产的所有权而依法加以利用的权利。通常由所有人行使，但亦可依法律、政策或所有人之意愿而转移给他人。如我国国家财产的所有权属于中华人民共和国，而国家机关、国有企业和事业单位根据国家的授权，对其所经营管理的国家财产有使用权。所有权人还可以通过收取租金或资源使用费等方式，将自己的财产对外进行租赁和出借，让渡本来属于自己的使用权。

综上可知，所有权和使用权是可以分离的。因此，为了实现资源利用最大化，科研团队可以通过购买某种仪器设备，亦可以通过租赁、共享的方式，获得某种科研设备的使用权。

（四）关联方与关联方交易

1. 关联方及相关术语定义

一方控制、共同控制另一方或对另一方施加重大影响，以及两方或两方以上受同一方控制、共同控制或重大影响的，构成关联方。

控制，是指有权决定一个企业的财务和经营政策，并能据以从该企业的经营活动中获取利益。共同控制，是指按照合同约定对某项经济活动所共有的控制，仅在与该项经济活动相关的重要财务和经营决策需要分享控制权的投资方一致同意时存在。重大影响，是指对一个企业的财务和经营政策有参与决策的权利，但并不能够控制或者与其他方一起共同控制这些政策的制定。

2. 关联方的主要特征

（1）关联方涉及两方或多方，任何单独的个体不能构成关联关系。例如，一个企业不能构成关联关系。

（2）关联方以各方之间的影响为前提，这种影响包括控制或被控制、共同控制或被共同控制、施加重大影响或被施加重大影响。即建立控制、共同控制和施加重大影响是关联方存在的主要特征。

（3）关联方的存在可能会影响交易的公允性，在存在关联关系时，关联方之间的交易可能不是建立在公平交易的基础上，因为关联方之间交易时，不存在竞争性的、自由市场交易的条件，而且交易双方的关系常常以一种微妙的方式影响交易。在某种情况下，关联方之间通过虚假交易可以达到粉饰经营业绩的目的。即使关联方交易是在公平交易基础上进行的，重要关联方交易的披露也是有用的，因为它提供了未来可能再发生，而且很可能以不同形式发生的交易类型的信息。

3. 关联企业及关联关系

《中华人民共和国公司法》第二百六十五条规定：关联关系，是指公司控股股东、实际控制人、董事、监事、高级管理人员与其直接或者间接控制的企业之间的关系，以及可能导致公司利益转移的其他关系。但是，国家控股的企业之间不仅仅因为同受国家控股而具有关联关系。

界定关联企业的基本标准，一是股权控制，如持股有 25% 或以上的股份等；二是企业管理和人员方面的控制。

依照国家税法规定，关联方是指与企业有下列关联关系之一的企业、其他组织或者个人：

（1）在资金、经营、购销等方面存在直接或者间接的控制关系。

（2）直接或者间接地同为第三者控制。

（3）在利益上具有相关联的其他关系。

具体关联关系的认定标准主要有：

（1）一方直接或者间接持有另一方的股份总和达到 25% 以上；双方直接或者间接同为第三方所持有的股份达到 25% 以上。

两个以上具有夫妻、直系血亲、兄弟姐妹以及其他抚养、赡养关系的自然人共同持股同一企业，在判定关联关系时持股比例合并计算。

（2）双方存在持股关系或者同为第三方持股，虽持股比例未达到第（1）项规定，但双方之间借贷资金总额占任一方实收资本达到 50% 以上，或者一方全部借贷资金总额的 10% 以上由另一方担保（与独立金融机构之间的借贷或者担保除外）。

（3）双方存在持股关系或者同为第三方持股，虽持股比例未达到第（1）项规定，但一方的生产经营活动必须由另一方提供专利权、非专利技术、商标权、著作权等特许权才能正常进行。

（4）双方存在持股关系或者同为第三方持股，虽持股比例未达到第（1）项规定，但一方的购买、销售、接受劳务、提供劳务等经营活动由另一方控制。

上述控制是指一方有权决定另一方的财务和经营政策，并能据以从另一方的经营活动中获取利益。

（5）一方半数以上董事或者半数以上高级管理人员（包括上市公司董事会秘书、经理、副经理、财务负责人和公司章程规定的其他人员）由另一方任命或委派，或者同时担任另一方的董事或高级管理人员；或者双方各自半数以上董事或半数以上高级管理人员同为第三方任命或委派。

（6）具有夫妻、直系血亲、兄弟姐妹以及其他抚养、赡养关系的两个自然人分别与双方具有第（1）至（5）项关系之一。

（7）双方在实质上具有其他共同利益。

4. 关联方交易的定义

关联方交易是指关联方之间发生转移资源或义务的事项，而不论是否收取价款。关联方交易是一种独特的交易形式，具有两面性的特征，具体表现在：从制度经济学角度看，与遵循市场竞争原则的独立交易相比较，关联方之间进行交易的信息成本、监督成本和管理成本较少，交易成本可得到节约，故关联方交易可作为公司集团实现利润最大化的基本手段；从法律角度看，关联方交易的双方尽管在法律上是平等的，但在事实上却不平等，关联人在利己动机的诱导下，往往滥用对公司的控制权，使关联方交易违背等价有偿的商业原则，导致不公平、不公正的关联方交易的发生，进而损害公司及其他利益相关者的合法权益。

在科研经费管理实行课题负责人负责制的前提下，尽管课题负责人不一定是单位的法人代表或者领导，但是由于课题负责人对经费的使用和采购业务的决策具有很大的自主性和独立性，因此，课题组在使用科研经费对外购买科研设备、实验耗材、检测服务时，一旦交易的另一方符合上述关联关系的认定标准，双方的交易即可视同关联方交易，这是监管部门在监督和审查过程中关注的重点。对于关联方交易，科研人员和科研财务助理既要懂得甄别，更要严守回避原则。

第二节　合同基础知识

在科研工作中，科研团队开展科研立项申报、科研合作、委托检测、设备和物资采购、临床研究等，往往需要通过与相关方签署合同来明确双方的权利、义务及责任，以保护自身合法权益。本节着重讲述与科研财务助理工作联系非常紧密的合同管理常识。

一、合同的定义、合同与协议的关系

我国现行的合同法律制度主要规定在《民法典》合同编，《民法典》第四百六十四条规定，合同是指民事主体之间设立、变更、终止民事法律关系的协议。而协议是当事人双方或多方就有关经济问题或其他事务，经过友好协商达成一致性意见而签订的一种契约文件。通常情况下，协议在法律上是合同的同义词。

合同与协议虽然有共同之处，但两者也有明显区别。合同的特点是明确、详细、具体，并规定有违约责任，因此在法律范畴内比协议更有说服力；而协议的特点是没有具体标的、简单、概括、原则性，不涉及违约责任。从两者的区别来说，协议是签订合同的基础，合同是协议的具体化。因此，我们不能仅仅从文件的标题名称上来确定是合同还是协议，而应该根据其实质内容来确定。

二、合同编的基本原则

合同编的基本原则是合同当事人在合同活动中应当遵守的基本准则，也是人民法院、仲裁机构在审理、仲裁合同纠纷时应当遵守的原则，合同编的基本原则有：平等原则、自愿原则、公平原则、诚实信用原则、不违反国家法律或公序良俗原则。

三、签订合同的作用

（1）合同是保护当事人合法权益的工具。依法订立的合同，当事人的合法权益受法律保护，对签署各方具有同等的法律效力，从而约束各方按照合同规定履行权利和义务。

（2）合同是实现专业化合作的纽带。一方面，随着社会经济的发展，各行各业合作交流越来越活跃，人与人之间的交往也愈发紧密，在市场经济中往往无法孤立存在；另一方面，面对陌生的合作者，如何保障自己的合法权益显得尤为重要，因此对合作各方具有平等维权作用的契约式文件——合同就成为双方进行合作的纽带。

（3）合同是提高经济效益的手段。从社会层面来说，参与市场经济活动的各方，绝大多数本着追求合法权益、达到自己经济目的的意愿开展生产经营活动，自觉履行合同的权利和义务，这有利于社会经济活动平稳运行。对单个经营主体而言，规范合同履行和管理，严格按照合同条款履约，对内可以促进提高管理水平、提升生产效率，对外则可以树立良好的企业形象，是培育良好企业信誉的重要途径和手段。

（4）合同是维护社会经济秩序的凭据。合同是受法律保护的契约式文件，合同一旦经各方签署生效，即具备法律约束力，各方均须严格按照合同条款进行履约。因此，合同对于维护社会经济秩序，促使参与市场经营活动的每一个主体守法和诚信经营，发挥了重要作用。

目前，科研财务助理在日常工作中所接触到的合同，主要以经济合同为主，常见的合同有技术服务合同（如检测服务）、采购合同（试剂耗材、设备采购）、审计合同（审计业务约定书）、知识产权转让合同、科研成果转化合同、科学研究或学术合作合同等，这些合同有一个共同点，即基本都涉及服务与采购、经费来源、经费收支或成果分享等，从严格意义上来说，均应纳入经济合同的范畴。

四、合同的基本结构

1. 从形式结构划分

合同分为首部、正文、尾部、附件四个组成部分，但是附件并非每一个合同的必需组成部分。

（1）合同首部包括合同正式条款之前的所有内容，大多由合同名称、当事人身份栏、合同引言等组成。

（2）合同正文包括从第一个条款到最后一个条款的所有内容，一般使用序号编排，围绕交易明确双方的权利义务及内容，是整个合同的核心部分。

（3）合同尾部包括合同正文结束后的所有内容，主要有合同各方的签署栏、附件清单、声明与承诺等内容，但不包括附件本身。

（4）合同附件一般放在合同尾部之后，但其清单一般须列举在合同尾部甚至在正文之中，因此附件本身有时无须签署。

2. 从合同内容性质划分

合同大致可分为法律条款、商务条款及技术条款三类：

（1）法律条款是为了保障合同顺利履行、约束当事人的权利义务并提供明确有效的纠纷解决方式的合同条款，包括适用法律、争议解决、违约责任、不可抗力等条款。

（2）商务条款是对双方当事人之间，就相关合同交易的具体商务安排作出约定的条款，包括标的内容、交付时间与方式、价款、支付和结算方式、期限、运输等条款。

（3）技术条款是对合同标的物的物理化学性能、技术等级和规范、质量、规格型号等特征加以约定，使得合同标的物与其他种类物有明显的区别，包括商品或服务的技术标准、质量标准、检验标准、验收和维护等条款。

五、合同的订立、成立与生效

在我们的日常工作中，订立合同一般采用书面形式，口头合同由于存在事后有纠纷时采信困难的问题，在对公业务中已很少使用。一般情况下，订立合同之前，双方应经过充分的沟通，大家基本上达成交易的意向，才能订立合同。在专业术语上，合同双方的这种沟通过程，就是订立合同的方式，包括要约或要约邀请、承诺等环节，在此不做深入探讨。这里重点介绍合同的订立、成立与生效。

1. 合同的订立

如交易双方存在以下情形，须签订合同：需要合同相对方提供质量保证和售后服务的经济事项；不能一次性执行完毕，需有一定执行期限的经济事项；其他需要通过签订合同来维护双方合法权益的经济事项。在实际工作中，不可能事无巨细，每个交易事项都签订合同，有些单位会根据实际情况制定一个须签署合同的交易标准或指引。

合同订立须完成如下手续：合同经双方的法定代表人（或授权代表）签字（或盖章）。在合同指定的地方填写签订日期，加盖单位公章或已在公安部门办理备案的合同专用章，并将合同及附件一起加盖单位骑缝章。

2. 合同的成立

合同谈判成立的过程，就是"要约—新要约—更新的要约—承诺"的过程。承诺是指受要约人同意要约的意思表示，即受要约人对要约人发出的要约表示同意，愿意与要约人就要约内容订立合同的意思表示。一般情况下，承诺作出生效后合同即告成立，当事人于合同成立时开始享有合同的权利、承担合同义务。当事人采用书面形式订立合同的，自双方当事人签名、盖章或者按指印时合同成立。特殊情况下，在签名、盖章或按指印之前，当事人一方已经履行主要义务并且对方认可的，该合同事实上已成立。

3. 合同的生效

《民法典》根据合同的不同类型，分别规定了合同不同的生效时间：

（1）依法成立的合同，原则上自合同成立时生效。

（2）法律法规规定应当办理批准、登记等手续生效的，自批准、登记时生效。

（3）当事人对合同的效力附加条件或附期限的，自条件成就时合同生效；附解除条件的，则条件成就时合同失效。常见的临床试验合同，就是一种比较典型的附条件合同。如果在指定的时间内无法招募到合适的入组患者，这项临床试验合同就会自动解除，双方免除责任。

六、合同的履行

合同的履行，是指合同当事各方根据合同条款，履行各自应承担的义务和责任。例如，一个已生效的采购合同，甲方须按照合同条款预付20%的货款，乙方则须根据合同的条款，落实采购原材料，组织生产、供货等，直至双方根据合同条款完成交货、验收和结算等环节，这个过程就是合同的履行。

合同履行的注意事项：

（1）严格控制合同相对方完成其合同责任业务的期限，如合同工期或交货期等。

（2）及时办理收付款及验收手续、结算手续。

（3）及时记录并与合同相对方确认合同的变更事项、违约或索赔事项及金额等，发生重大变化或违约、索赔事项须及时向单位提交书面审批资料。

（4）合同只要生效，双方单位无论是法定代表人、单位名称、承办人或者负责人发生改变，都不影响合同效力。

（5）合同签订后发现存在欺诈、错误和有失公允等问题，应当立即按照相关规定上报，对合同纠纷或者合同争议及时处理。如发现存在法律、法规规定的无效合同的情况，应立即启动变更或终止流程。

（6）在合同履行的过程中，当事人对质量、价款或者报酬、履约地点等内容没有约定，或者约定不够明确的，双方可以签订补充协议，补充协议原则上不能颠覆主协议原来约定的框架。若遇到双方出现明显的分歧甚至纠纷，就要适时请求单位的法务部门、法律顾问介入和协助。

七、合同的变更、解除

（1）在合同签约方不能履行合同时，应主动与合同相对方协商处理。遇到不可抗力等影响合同履行时，应及时以书面形式通知合同相对方，并收集有关证据，必要时联系法律顾问及早介入，确定变更或解除合同。

（2）如果合同一方在履行合同过程中想要解除或者变更合同，须以书面形式向合同相对方通知，同时将送达凭证保存好，对合同解除或者变更的具体情形以及答复时限进行说明，双方达成一致意见后进行书面协议的签订。协议达成之前，不得擅自变更或解除合同。所达成的书面协议和有关资料应一并存档。合同相对方要求变更或解除合同的，在接到对方通知时，应立即审查对方的理由是否正当，分析对我方的权益影响。符合规定且双方对合同解除或者变更达成一致的，即可完成书面协议的签署。若我方因合同解除或者变更而蒙受损失，需要提出索赔。以法律法规为基础，合同变更须办理批准与登记的，必须按照规定办理相应手续。

八、合同的权利义务终止

根据《民法典》第五百五十七条，有下列情形之一的，合同双方债权债务终止：债务已经履行；债务相互抵消；债务人依法将标的物提存；债权人免除债务；债权债务同归于一人；法律规定或者当事人约定终止的其他情形。合同一旦解除的，该合同的权利义务关系终止。

九、合同的违约责任

违约责任即违反合同而引起的民事责任，是指合同当事人一方或双方不履行合同义务或者履行合同义务不符合约定时，依照法律规定或者合同约定所承担的法律责任。依法订立的合同对当事各方来说，均具有法律约束力。

1. 承担违约责任的形式

（1）继续履行合同。订立合同的目的就是为了实现签约各方的目标，继续履行合同既是为了实现原来的目标，也是违约一方承担违约责任的形式。

（2）采取补救措施。当事人一方履行合同不符合约定的，应当按照合同约定承担违约责任。利益受损方根据受损害的性质以及损失大小，合理选择要求对方适当履行，如采取修理、更换、重做、退货、减少价款等措施，也可以选择解除合同、中止履行合同等补救措施。

（3）赔偿损失。当事人一方不履行合同义务或者履行合同义务不符合约定而给对方造成损失的，依法或根据合同约定，应承担赔偿对方当事人所受损失的责任。赔偿损失既可以单独使用，也可以与其他承担违约责任的形式叠加使用，即违约方在继续履行合同或采取补救措施后，对方还有其他损失的，应当予以赔偿。

（4）支付违约金。为保证合同的履行，合同当事人可以约定一方违约时应当根据情况向对方支付一定数额的违约金，也可以事前约定因违约产生的损失赔偿额的计算方法。

2. 免责事由

在实际业务操作中，因不可抗力造成合同不能正常履行的，应根据不可抗力的影响大小，部分或全部免除责任。不可抗力是国家法律明确规定的免责事由。因不可抗力不能履行合同的，应及时通知对方，以减轻可能给对方造成的损失，并应当在合理期限内提供证明。如果是当事人的主观原因延迟履行后发生的不可抗力，不免除其违约责任。

另外，有时候双方在合同中亦可事前订立免责条款，当出现或达到约定条件时，即可免除违约方的违约责任。

十、合同档案管理

合同履行完毕或终止时，与合同有关的文本、资料应按照单位档案管理制度进行归档，并妥善保存一定的年限，形成工作档案留作日后备查之需。

（1）合同档案管理部门的职责包括合同与相关资料的汇总、分类、归档以及立卷等。

（2）对合同及附件、谈判记录、交往信函、电报电传、相互交换的文件和其他一切有关的书面材料、封存样品、音像资料等应妥善保存，并保持有关材料的系统性、完整性和真实性。

第三节　对公合同业务的几个常见错误

合同是我们在日常工作和生活中广泛应用的契约文件，它形式多样，适用范围广，是保障经济活动公平有序开展的非常有效的工具。但是，合同作为非常严肃和严谨的契约文件，有其严格的格式规范、要素规范，如果我们的合同协议签署不规范，或协议条款表述不清晰、有歧义，那么很大可能会产生无效条款，甚至导致整个合同无效，从而达不到维权或保障公平交易的目的。

以下是我们总结的一些对公业务合同常见的错误，希望科研财务助理在工作中能有效规避，并懂得避开合同陷阱。

1. 签约人不具备独立法人资格

在日常工作中，经常会遇到以部门、业务科室（课题团队）和部门负责人、科主任（课题负责人）的名义与合作方签署合同的情况。由于合同是涉及民事法律关系的协议，只有具备独立法人资格的单位及其法人代表才能对外签署合同，否则签署的是无效合同，不受法律保护。不过，科主任（课题负责人）可以通过法人代表授权的形式，获得对外签署合同的资格。

2. 先履行、后签约

在实际工作中，由于急于推进某项工作或尽快开展某项研究，可能会发生事实上的"先履行、后签约"的情况，这种"先斩后奏"的情况原则上要明确禁止，因为：

（1）签订合同是一项严肃、细致的工作，在很多细节还没有完全达成共识的情况下，贸然开展实质性合作容易让对方手上掌握某种筹码而没有回旋的余地。

（2）科研课题的经费属于国有资产，使用课题经费须严格遵守相关财经制度，大额的开支或采购须通过公开招标或规范竞价方式产生合作对象、采购价格，"先履行、后签约"容易使公开招标或竞价流程流于形式，属于违规行为。

（3）科研课题是要接受结题审计的，如果"先履行、后签约"，在会计档案中留有痕迹，将可能无法通过结题审计和验收。

（4）存在一定的法律风险。合同签订前的履行过程，由于存在较大的不确定因素——双方的权利义务不明确、法律责任界定不清，容易产生法律纠纷。而一旦产生纠纷，由于证据难以取得，解决起来就比较困难，合同的事前控制作用无法体现，存在较大的法律风险。

3. 定金与订金混淆不清

定金是指合同当事人约定一方向对方给付的作为债权担保的一定数额的货币。定金的数额不得超过合同标的额的20%，给付定金的一方不履行债务或者履行债务不符合约定，致使不能实现合同目的的，无权请求返还定金；收受定金一方不履行债务或者履行债务不符合约定，致使不能实现合同目的的，应双倍返还定金。而订金并非一个规范的法律概念，实际上它具有预付款的性质，是当事人的一种支付手段，并不具备担保性质。

4. 合同价款相关条款书写不规范

合同的价款条款，应正确使用标准的人民币大小写来表述，不能只写小写，或只写大写，而且需要将二者进行核对，确保金额一致。合同价款是合同内容"核心中的核心"，是签约各方利益之焦点，不能有任何的偏差或错误。

5. 内控与风险意识淡薄

一般需要签署合同的交易，大多数涉及的金额会比较大，或涉及重大工作事项，牵扯到各方利益，因此很有必要加强合同的内控管理，提高风险防范意识。一份完善的合同，能够保障经济活动的正常进行，有效预防和避免纠纷的产生；而一份有缺陷或漏洞的合同，则会留有隐患，容易产生纠纷和法律诉讼，甚至给一方或各方造成严重的经济损失。因此，在合同签署前，应加强合同的审查，尤其注重对合同主体的真实性、合同及其交易的合法性、合同条款的完备性、合同结构和条例的适用性、陈述的精确性等方面进行重点审查。最省事省心的办法是，在交易中优先使用经过单位法务部门审核过的范本合同；对于没有设置专职法务部门的单位，可以将合同提交给归口管理部门审核或备案。

6. 合同明显有失公平，尤其是违约责任条款对双方的制约及违约责任不对等

合同是签约各方协商一致的契约式文件，是维系合作的纽带和依据。在发生合同纠纷时，一些明显有失公平的条款（俗称"霸王条款"），未必获得法律的支持或保护，因此在签订合同时，强势一方亦须遵循公平性原则。

7. 合同违反国家法律或公序良俗

合同要获得法律的支持和保护，就必须首先遵守法律法规，尊重公序良俗，那些违反国家法律法规，或与社会主义核心价值观、社会主义公德和传统民风民俗格格不入的合同，都不可能获得法律的保护。

8. 与科研课题（科研团队）负责人的利益关联方签署合同

关联方交易，是指法人单位（或授权代表，下同）与其关联人之间发生的一切转移资源或者义务的法律行为。其特征是：交易双方中一方是本单位，另一方是本单位的关联关系人；交易双方的法律地位名义上平等，但实际上交易是由关联人一方所决定；交易双方存在利益冲突，关联人可能利用控制权损害另一方的利益。科研经费属于国有资产，使用课题经费须严格遵守相关的财经制度，并接受纪检、审计和财务等部门的监督。与科研课题（科研团队）负责人的利益关联方发生经济往来，很容易在交易中发生违法乱纪的行为，在实际工作中应严格执行回避制度。

本章小结

本章比较全面地介绍了经济法及几个重要概念，以及合同的基本知识，希望通过普法教育及合同基础知识介绍，让科研财务助理懂得在日常工作中正确运用合同工具，充分借助合同工具来维护科研团队的合法权益。当然，由于合同是与法律息息相关的契约式文件，很容易与严谨的法律法规发生联系，因此本章介绍的均为浅显的合同基础知识，读者如果想进一步深入学习、全面了解合同管理知识，还可以自行查阅《民法典》合同编、所在单位的合同管理制度等资料。

第八章
采购制度与询价竞价

🖋 学习指引

　　在"放管服"的政策环境下，科研单位普遍实行项目负责人负责制，在采购竞价日益推广的情况下，科研单位将科研物资及检测服务的采购自主权下放到项目组，是目前越来越常见的一种管理模式。采购工作以及后端的物资入库、出库、结算等环节均属于事务性工作，科研财务助理承担这项工作责无旁贷。因此，科研财务助理深入了解采购制度，掌握询价竞价的方法和技巧，不但可以丰富自身知识和技能结构，还有利于提高工作能力。

第一节　采购常识介绍

　　采购是一种商业行为，既涉及国有资产的安全完整，也事关科研工作的物资和技术保障。规范项目组的采购行为，不但有利于项目的顺利推进，也有利于降低科研成本，更有利于日后项目的顺利验收。

一、采购工作概述

　　采购是指从供应市场获取产品或服务作为所需资源的系列行为及活动。根据《中华人民共和国招标投标法》《中华人民共和国政府采购法》《中央预算单位政府集中采购目录及标准（2020年版）》《中华人民共和国招标投标法实施条例》《中华人民共和国政府采购法实施条例》《国家卫生健康委员会政府采购管理暂行办法》等有关法律法规，国有单位科研项目资金，无论是上级部门拨付还是单位自筹资金，都应纳入单位预算，即为政府采购法所称的"财政性资金"。根据采购物品种类是否属于政府集中采购目录或者采购金额是否达到采购限额标准，将科研经费采购分为政府采购和单位自行采购。采购金额未达到政府采购规定的，可执行单位制定的采购管理制度。

通常情况下，单位的物资采购权限，无论是科研用的设备物资还是日常业务消耗的设备物资，原则上均由归口职能部门负责集中采购，其他人员不得自行采购。在实际操作中，有些单位为了精简流程、统一管理，科研项目组需要的通用类设备、消耗品、办公用品等由职能部门集中采购，财务部门根据项目组在职能部门申领设备物资清单上的金额对应扣除科研项目经费。

近年在"放管服"的大环境下，考虑到各项目组对科研物资的需求存在"品规繁杂、数量零星、时效性强、个性化要求高"等特点，越来越多的科研院校开始下放权限，由项目组自行采购，尤其是目前物资采购竞价平台越来越成熟，由项目组根据预算和科研工作需要自行在单位指定的竞价平台采购的做法越来越受到科研人员的欢迎。无论采用哪种模式，采购工作应严格执行项目预算和审批程序，无预算或未完成审批流程的，均不得擅自采购。项目负责人应加强主体责任意识，严格自律，以质优价廉为导向规范采购行为，注意保存必要的采购档案材料，留待项目结题备查。

综上所述，合规是采购工作的生命线，质优价廉是采购工作追求的目标，保证供应是采购工作的基本要求。

二、科研经费政府采购分类

（一）按采购项目通用性或可集中性划分

按照采购项目的通用性或可集中性的不同，政府采购可以分为集中采购和分散采购。

1. 集中采购

《政府采购法》规定："纳入集中采购目录的政府采购项目，应当实行集中采购。""采购人采购纳入集中采购目录的政府采购项目，必须委托集中采购机构代理采购。"例如，根据《国务院办公厅关于印发中央预算单位政府集中采购目录及标准（2020年版）的通知》（国办发〔2019〕55号），台式计算机、便携式计算机等都属于国家所有中央预算单位集采目录，此外，除集中采购机构采购项目和部门集中采购项目外，应按《政府采购法》和《招标投标法》相关规定执行的项目还包括：各部门自行采购的单项或批量金额达到 100 万元以上的货物和服务的项目、120 万元以上的工程项目。纳入集中采购目录属于通用的政府采购项目，应当委托集中采购机构代理采购；属于本部门、本系统有特殊要求的项目，应当实行部门集中采购；属于本单位有特殊要求的项目，经省级以上人民政府批准，可以自行采购。

2. 分散采购

《政府采购法》没有明确规定分散采购的范围。从逻辑上理解，凡是没有纳入集中采购目录的政府采购项目都是分散采购的范围。但是，由于《政府采购法》调整的范围只限于纳入集中采购目录以内的和采购限额标准以上的采购项目，而且又明确规定纳入集中采购目录以内的政府采购项目应当实行集中采购，因此，分散采购的范围是没有纳入集中采购目录的政府采购项目。

（二）按照公开程度划分

政府采购按照采购的公开程度，可划分为公开招标、邀请招标、竞争性谈判、竞争性磋商、单一来源采购、询价采购六种采购方式。《政府采购法》明确规定，公开招标原则上应作为政府采购的主要采购方式。

1. 公开招标

指通过发布招标公告，依法邀请各个供应商（包括提供货物、工程和服务的法人、其他组织或自然人）参加投标的一种采购方式。政府采购货物或服务项目，单项采购金额达到 200 万元以上的，必须采用公开招标方式。

2. 邀请招标

指依法从符合相应资格条件的供应商中随机邀请 3 家以上供应商，并以投标邀请书的方式邀请其参加投标的采购方式。

3. 竞争性谈判

指谈判小组与符合资格条件的供应商就采购货物、工程和服务事宜进行谈判，供应商按照谈判文件的要求提交响应文件和最后报价，采购人从谈判小组提出的成交候选人中确定成交供应商的采购方式。

4. 竞争性磋商

指通过组建竞争性磋商小组（简称"磋商小组"），与符合资格条件的供应商就采购货物、工程和服务事宜进行磋商，供应商按照磋商文件的要求提交响应文件和报价，采购人从磋商小组评审后提出的成交候选人中确定成交供应商的采购方式。

5. 单一来源采购

指采购人从某一特定供应商处采购货物、工程和服务的采购方式。

6. 询价采购

指询价小组向符合资格条件的供应商发出采购货物询价通知书，要求供应商一次报出不得更改的价格，采购人从询价小组提出的成交候选人中确定成交供应商的采购方式。

第二节　科研项目的耗材与检测服务采购实务

本节以某"三甲"医院科研试剂耗材和检测服务采购平台为例，介绍采购平台的特点和流程。该单位经过 5 年的努力，实现了耗材和测试分析的采购全流程线上"申购—审批—验收—支付"闭环管理，课题负责人、科研部门和财务部门对科研经费的使用情况实时查询、信息共享，最终实现全流程智慧管理。

近年来，该医院每年科研项目立项 1 000 余项（含纵向、横向课题），到账科研经费已连续多年超过人民币 1 亿元。如何实现科研经费的精细化管理与监督，尤其是对经费使用占比较高的试剂耗材及测试分析的精细化管理，是医院面临的巨大挑战。

一、传统试剂耗材及测试分析采购管理办法存在的不足

1. 制度不健全，采购流程缺乏整体监管

该医院未出台专项管理制度前，未实现统一的采购管理，绝大多数采购由课题组指定供货商和采购价格，采购各环节无明确的部门或人员履行监督管理，容易发生价格虚高、关联方交易或虚开发票套取科研经费的违纪违法行为。

2. 采购量大、需求多样且时效性要求高，所获供应商信息有限，采购未能完全满足科研需求，亦未带来规模效益

该医院每年实验耗材和检测服务的采购金额在 5 000 万元以上，各团队研究方向大多不同，试剂耗材需求多样化且采购频次高。科研人员按计划采购意识不强，大多在实验急需时才临时采购，对采购的时效性要求较高，仓

促采购无法充分询价，更谈不上能拿到优惠价格，无法实现规模效益。

3. 价格不透明，产品质量无法得到保障

商品信息不对称，科研人员无法对比采购价格和鉴别供应商资质，经常高价采购或买到次品甚至假货，这将对科研结果造成严重影响。

4. 信息化程度低，报销手续烦琐，效率低

该医院的科研管理部门、财务部门、纪检部门和课题负责人之间未建立一个资源共享、信息互通的平台。报销单据数量多，且每张发票都要求课题负责人、相关职能科室审批，造成财务报销烦琐、效率极其低下。

二、"淘宝式"统一采购平台在采购业务中的应用

为解决上述问题，该医院从 2015 年开始创建适用于试剂耗材和测试分析服务的"淘宝式"统一采购平台，实现了科研物资及测试服务采购的全流程智慧管理（图 8-1）。

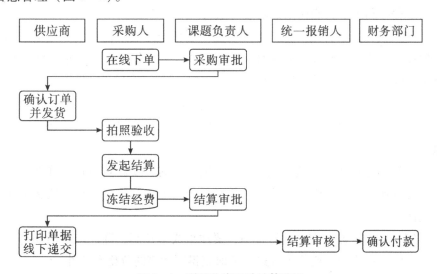

图 8-1 科研物资采购结算流程

该医院相关制度规定，全院"凡使用科研经费购置各类科研实验材料和测试化验加工服务"，均须纳入平台管理。为了方便实验人员采购平台未提供的特殊实验材料和服务，课题组只需填写《科研材料和服务（平台外）采购申请表》和《关联关系审核表》，经归口科研管理部门审批，签订供货协议或合同后即可在平台外采购。医院每年会将各课题组在平台外采购的金额进行公示，做到互相监督。采购平台运行多年来，取得了较好的经济效益和

社会效益。目前，该院99.8%以上的实验材料采购都可通过平台完成。截至2024年6月，共有300多家供应商入驻该平台，累计交易额达到8.27亿元，上传商品近2 600万件。通过平台竞价，2020—2021年有63%的商品价格低于或持平2020年初；2021—2022年有60%的商品价格低于或持平2021年初；2022—2023年有66%商品价格低于或持平2022年初。可见，该医院引入竞价平台后，持续有效降低了科研成本，且能实时监管科研经费的使用情况，成效显著。

三、科研经费项目采购管理规范

（一）科研经费项目采购的一般要求

科研项目进行物资采购时，一般需要注意以下几点：

（1）遵守法律法规，确保采购活动符合国家相关法律法规，如《中华人民共和国政府采购法》《中华人民共和国招标投标法》等。了解并遵循政府采购的程序和规定，确保采购活动合法合规。

（2）制订采购计划。在开始采购前，制订详细的采购计划，包括采购物资的种类、数量、预算、交货时间等。采购计划应根据项目需求和实际情况制定，确保采购活动的顺利进行。

（3）公开透明。公益性机构的采购活动应保持公开透明，接受社会监督。在采购过程中，要公开招标、公示中标结果，确保公平竞争和公正选定供应商。

（4）质量优先。在选择供应商和采购物资时，要注重质量，确保采购的物资符合项目需求和质量标准。避免以低价为唯一标准，导致采购物资质量不达标。

（5）成本控制。在采购过程中，要注重成本控制，确保采购活动符合预算。可以通过谈判、比价等方式，争取获得更优惠的价格和条件。

（6）合同管理。与供应商签订正式的采购合同，明确双方的权利和义务。在签订合同前，务必审查合同条款，确保合同内容符合采购计划和谈判结果。在合同执行过程中，要加强合同管理，确保供应商按照合同约定履行义务。

（7）风险防范。在采购过程中，要关注潜在风险，如供应商信誉、交货延迟、物资质量等。通过合同约定、履约保证金等方式，加强风险防范和控制。

（8）采购监督。建立健全采购监督机制，确保采购活动的公开、公平、公正。对于违规采购行为，要及时纠正并追究相关责任。

（9）采购记录与报告。在采购过程中，要做好采购记录，包括采购计划、招标文件、合同等。在项目结束后，编制采购报告，总结采购经验和教训，为今后的采购活动提供参考。

（二）科研项目采购全流程管理

1. 预算先行

为确保科研活动顺利开展并合理利用经费资源，需根据科研项目经费额度和实际需求，由科研人员编制经费成本测算说明。财务部门根据科研项目申报时的预算，将相关数据导入财务系统，继而分配可用额度，通过科研项目管理系统和财务管理系统的对接，实现预算分配更科学、更贴近项目实际需求。如果在项目开展过程中，按实际情况需要进行预算调整，根据"放管服"后的流程简化要求，除设备费由主管部门审批外，其他所有费用都由科研项目负责人按需安排预算调整，将使得项目负责人具有更大的自主性，资金的安排更具灵活性，更能提高科研项目的开展效率。科研耗材作为科研经费的重要部分，其预算调整申请由科研项目负责人及时提出。行政部门应做好角色转换，减少行政干预，对科研项目负责人的预算调整进行备案；增强服务意识，及时做好预算额度更新。

2. 意向公开

根据财政部《关于开展政府采购意向公开工作的通知》，推行采购意向公开工作旨在提高政府采购透明度，为各类市场主体提供公平竞争的机会。供应商可以提前了解采购信息，了解采购需求和标准，从而更好地准备和参与竞标，对于保障公平竞争、提高采购效率、防范腐败行为和保护财政资金的合理使用具有重要意义。财政资金是科研经费的重要来源，科研院校在具体使用过程中，应该设立意向公开范围，履行采购意向公开义务。

科研耗材采购实行意向公开的意义在于：不仅有利于扩大供应商范围，通过市场主体充分参与竞争，还可以减少科研项目采购腐败行为，使得科研采购的真实需求得以匹配，科研资金得以有效利用。

以××高校为例，其对用于采购耗材的科研经费额度有所限制，当采购金额大于或等于2万元时，相关部门开展意向公开工作。按照相关要求，使用科研经费采购耗材的部门原则上应在发布采购公告前30日开展意向公开工作。具体公开内容包括需求部门、耗材种类、数量、规格要求、需求时间、总价等。公开方式有校内采购网页、省级政府采购平台公开等。

3．采购实施

无论是采用零星购买还是耗材平台购买的方式，科研耗材具体使用项目的负责人是采购实施行为主体，他们需要积极参与采购流程，从采购项目的发起到采购活动的完成，承担全程跟进的责任，确保采购活动顺利进行。采购环节上的各个行政部门根据职责权限行使审批权，提供专业服务，从而为采购决策提供支持和保障，确保采购活动符合法规和政策要求。科研耗材采购作为全流程的重要风险点，采购实施环节要选择合格供应商。可以通过评估其信誉、质量保证和价格合理性等方式来进行选择，要避免出现拆单采购、商业贿赂和利用裙带关系等不合规采购。在零星购买时，建议进行多家比较，以求取得最佳的采购结果，获得品质优良、价格合理的耗材。而使用耗材平台进行采购，耗材平台的供应商数量充足、产品种类丰富，应选择完全符合要求的产品，不要因为平台商家的限制而勉强购买，使采购质量有所下降。同时，要及时向耗材平台管理部门报送商家信息，扩充商家库，促进供应商的多样化和市场的健康发展。平台商家根据服务质量优胜劣汰，同时防止出现变相垄断的情况，维护采购市场的公平竞争环境。

4．验收管理

验收管理旨在对采购项目进行检查、核对和确认，以确保其符合规定的质量标准和技术要求。科研耗材验收单应设计成统一标准，以提高验收的效率和规范，可通过双人验收加强验收的严谨性和提升验收质量。为确保能对耗材的性能和质量做出准确判断，应由具备相关专业技术能力的人员执行验收。采购人和验收人都应对耗材质量严格把关，为确保供应商对所提供的耗材质量负责，建议采取签订耗材质量承诺书的方式，规范采供双方的权益和责任，让供应商在一定期限内对耗材给予保证，保证期内发现耗材不合格的予以退换。验收时重点检查耗材型号、试剂纯度、规格、数量、重量、保质期、厂家信息等，发现与采购需求参数不符合的耗材要第一时间退回，并要求更换合格产品；如果经过二次验收后发现替换的耗材仍不合格，应采取进一步措施，包括取消该供应商的供货资格，不再向其采购等。

5．出入库管理

为了规避耗材管理风险，科研机构应采取一系列措施来规范耗材的出入库流程，以防范耗材漏记、账物不实、耗材外流和出入库管理无序等管理风险。为加强出入库管理实施，建议设立专人保管：指定专门的人员负责耗材的保管工作，确保耗材的安全和完整性。这些人员应具备相关的专业知识和技能，能够正确识别和储存不同类型的耗材。加强信息化管理：采用信息化手段管理耗材库存信息，例如使用出入库管理系统或物资"进销存"管理系统。通过该系统进行入库核对和出库登记，确保每次出入库都有记录可查。这样可以提高管理的准确性和效率，且便于追溯耗材的流向。

定期对库存耗材数量进行盘点，核对实际库存与系统记录的差异。这有助于发现耗材的遗漏或异常情况，并及时采取纠正措施。盘点还应包括检查耗材物品的保存情况，特别是关注耗材试剂的活性成分和有效期等重要因素，及时淘汰过期的耗材，以免影响科研实验的准确度。同时，注意检查耗材是否破损或受到污染，如有问题，应及时更换或处理；定期评估科研实验的需求，根据耗材库存数量和使用情况，及时进行耗材补充，以避免因耗材短缺而影响科研工作的顺利进行。关于科研物资的管理规范，在第四章第六节已有详细讲述，读者可以比照管理规范进一步加深理解。

6. 结算与经费报销

适当简化报销流程是科研工作中实现"放管服"改革的基本要求。为了提高效率和便利性，科研院校和科研机构应根据财务报销制度和财务信息化水平，有序推进线上审批和无纸化报销的方式。科研机构可以增强与耗材采购平台的信息技术对接，确保采购信息的准确传递和记录。一旦耗材采购完成验收，采购负责人可以通过平台操作，将报销信息推送至单位的财务系统，这样可以避免烦琐的纸质报销流程，提高报销的效率和准确性。财务系统自动提取耗材相关资料如总价、使用部门、经费开支项目等生成报销单，再由采购负责人上传相关验收附件等，完成报销送审，这样可以减少手工填写报销单的工作量，提高报销的准确性和一致性。财务部门在收到报销信息后，根据经费审批流程和科研经费额度控制情况，及时审批耗材采购报销业务，并及时付款，这样可以保证科研经费的合理使用和科研工作的顺利进行。通过推行线上审批和无纸化报销的方式，科研机构可以简化报销流程，减少烦琐的手续和时间成本，提高报销的效率和准确性。同时，科研机构还可以借助信息技术手段，实现采购信息的自动化记录和传递，提高数据的准确性和可追溯性，为科研工作提供更便捷、高效的财务支持，促进科研工作的顺利进行。

7. 人员培训

加强对科研耗材经办人员的培训是为了提升人员的专业素养和采购管理

能力。人员培训需要做好以下工作：

（1）加强思想教育，树立廉洁采购意识。在培训中，应注重向科研耗材经办人员灌输廉洁采购的思想，通过案例分析和讨论，帮助他们充分认识廉洁采购对于科研工作的重要性，树立正确的价值观和职业道德，以确保采购过程的公正、透明、合规。

（2）强化业务培训，增进人员对耗材信息的了解，使其熟练掌握采购流程。培训内容应包括耗材分类、规格要求、采购渠道、供应商管理等方面的知识，通过实际操作和案例演练，帮助科研耗材经办人员更好地了解耗材信息，掌握采购流程，提高采购的准确性和效率。

（3）增强行政部门科研耗材采购审批人员的服务意识。培训应注重提升审批人员的服务意识和工作效率。通过培训，引导他们换位思考，从科研工作者的角度出发，理解他们的需求和紧迫性。同时，培训还应强调改变工作作风，提高办事效率，以便为科研耗材采购提供便捷、全面的服务。通过加强培训，科研耗材经办人员和审批人员可以提升专业素养、增进对采购流程的了解，树立廉洁采购意识，提高服务意识和办事效率。这有助于科研耗材采购的规范化、透明化和高效化，为科研工作提供更好的支持。

（三）科研经费项目采购谈判技巧

（1）充分准备：在谈判前，进行市场调研，了解所需物资的市场价格、供应商信息、产品质量等方面的信息。这有助于在谈判中展现自信和专业度，也有助于在询价过程中做出更明智的决策，避免高价采购。

（2）建立关系：与供应商建立良好的关系，有助于在谈判过程中取得更好的结果。可以通过参加行业活动、交流会等方式，结识潜在供应商。

（3）明确目标：在谈判前，明确自己的目标，包括预算、交货时间、质量要求等。这有助于在谈判中保持清晰的思路，避免被对方引导。

（4）保持灵活：在谈判过程中，要保持灵活，根据实际情况调整策略。例如，如果对方在价格上无法让步，可以尝试争取更优惠的付款条件或售后服务。

（5）利用竞争：在与多个供应商谈判时，可以利用竞争关系，让供应商之间争相提供更优惠的条件。但要注意不要过度操控，以免破坏与供应商的关系。

（6）保持冷静：在谈判过程中，保持冷静和专业，避免情绪化。即使遇到困难，也要保持礼貌和耐心，以便达成双方满意的结果。

（7）记录谈判结果：在谈判结束后，及时记录谈判结果，包括达成的协议、未达成一致的问题等。这有助于在后续的执行和沟通中，确保双方对谈判结果的理解一致。

（8）合同签订：在谈判结束后，尽快与供应商签订正式的采购合同，明确双方的权利和义务。在签订合同前，务必审查合同条款，确保合同内容符合谈判结果。

四、科研经费项目采购询价流程和技巧

1. 科研经费项目采购询价一般流程

在采购过程中进行询价，可以遵循以下步骤：

（1）确定询价对象：根据采购需求，选择合适的供应商作为询价对象。可以通过市场调查、行业活动、网络搜索等方式，了解并筛选潜在供应商。

（2）准备询价文件：编制询价文件，包括采购物资的详细需求、技术规格、质量要求、交货时间、付款条件等。确保询价文件内容清晰、完整，便于供应商了解需求并提供准确报价。

（3）发送询价邀请：将询价文件发送给选定的供应商，邀请他们参与询价。可以通过邮件、传真、电话等方式发送询价邀请。在邀请中，明确询价截止日期，确保供应商有足够的时间准备报价。

（4）收集报价：在询价截止日期前，收集供应商的报价。要求供应商提供详细的报价单，包括物资价格、运费、税费等费用，以便进行准确的成本比较。

（5）评估报价：对收到的报价进行评估，比较各供应商的价格、质量、交货时间等因素。可以根据采购需求和预算，确定合适的评估标准和权重，以便进行客观、公正的评估。

（6）谈判与确认：在评估报价后，与优选供应商进行谈判，争取获得更优惠的价格和条件。在谈判过程中，要保持灵活，根据实际情况调整策略。在达成一致后，及时确认报价和采购条件。

（7）记录询价结果：将询价过程和结果进行记录，包括参与询价的供应商、报价、谈判内容等。这有助于在后续的采购活动中，了解市场价格变化和供应商情况。

（8）后续流程：在确认报价后，根据采购计划和流程，进行后续的采购活动，如签订合同、下订单、验收等。

在整个询价过程中，要保持公开、公平、公正的原则，确保采购活动的合规性和效率。

2. 科研经费项目采购询价技巧

询价过程中，可以采用以下技巧来降低采购成本：

（1）充分了解市场。在询价前进行市场调查，了解行业价格水平、供应商情况和产品质量。这有助于在询价过程中做出更明智的决策，避免高价采购。

（2）选择合适的供应商。在选择供应商时，不仅要关注价格，还要考虑供应商的信誉、质量、服务等因素。选择合适的供应商可以降低采购风险，从而降低采购成本。

（3）多家供应商询价。邀请多家供应商参与询价，增加竞争，这有助于获得更优惠的价格。同时，多家供应商的报价可以为谈判提供参考。

（4）精细化需求。在询价文件中，详细描述采购物资的需求、技术规格和质量要求。这有助于供应商更准确地了解需求，避免不必要的附加成本。

（5）制定合理的评估标准。在评估报价时，制定合理的评估标准和权重，确保价格、质量、交货时间等因素得到充分考虑。这有助于选择性价比高的供应商，降低采购成本。

（6）利用谈判技巧。在与供应商谈判时运用谈判技巧，如提出合理的让步，展示竞争对手报价，强调采购量、合作共赢等，争取获得更优惠的价格和条件。

（7）合理安排交货时间。在协商交货时间时，应考虑到供应商的生产周期和库存情况，避免紧急采购导致的高价成本。同时，合理安排交货时间可以降低库存成本。

（8）考虑总成本。在评估报价时，不仅要关注物资价格，还要考虑运费、税费、维护费等总成本。选择总成本较低的供应商，有助于降低采购成本。

（9）建立长期合作关系。与优质供应商建立长期合作关系，可以获得更优惠的价格和服务。同时，长期合作有助于降低采购风险，提高采购效率。

通过以上技巧，可以在询价过程中降低采购成本，提高采购效益。

第三节　实验耗材采购工作中的几种高危行为

医科类的科研项目，实验耗材的重要性不言而喻。首先，耗材是支撑科学研究的重要物质保障。其次，如果耗材质量不达标或不稳定，势必严重影响实验数据的准确性，对科学研究造成重大干扰，甚至直接影响到项目能否完成目标和任务。另外，虚高的耗材价格，必然增加科研成本和消耗，导致费用预算失控。如果项目组在采购工作中涉及违规违法行为，轻则项目无法通过验收，项目负责人被追责；重则当事责任人被追究法律责任，甚至项目承担单位都会被问责。因此，耗材管理应引起科研单位足够的重视。为方便科研财务助理加深对采购工作的学习与理解，编者对耗材采购过程中的常见错误行为作了归纳和分析。

一、耗材采购与交易中常见的高危行为

1. 虚假验收，虚构交易

项目组在物资采购过程中的验收环节弄虚作假，甚至供应商根本没有送货到项目组，验收人就在送货单上签收，并在入库和领用出库记录上同步做虚假数字对冲。这种行为完全就是一种虚构交易的行为，如此操作，就是企图通过内外勾结套取科研经费的行为，就是典型的私设"小金库"，从而达到非法侵占科研资金的目的，是严重违背科研诚信的违法行为。本教程的第十一章还将对"小金库"的知识进行专题学习。

2. 虚假退货或换货

项目组以供应商的货物质量有问题或库存积压为由，对已验收并开票结算完毕的实验耗材进行退货，但未遵循货物退库、供应商开红字增值税发票并退回货款的正常流程，而是绕开科研单位的财务部门和指定的采购竞价平台，擅自简化退票退款的环节，置换了其他等值的实验耗材，或把退货的资金额度留存在供应商，日后再按项目组的需要分批送货。这种操作手法虽然能把等值的耗材置换回来继续用于科学研究，项目组主观上未必有贪腐动机，也未造成科研资金的实质性损失，但是必然导致科研资金脱离监管，存在极大的资金安全隐患和廉政风险。一旦供应商无法维持经营，项目组将因无法追回退货形成的留存在供应商的资金额度而造成经济损失。而经办人一旦与

供应商达成"默契"，留存额度可被经办人置换为现金或福利（如报销旅游费、接待费等），这是不折不扣的私设"小金库"的违法行为。

3. 虚高交易价格

个别科研人员仍然顽固地抱着旧思维，认为科研经费是自己努力争取回来的资源，"放管服"政策下实行的课题负责人负责制就是"他一个人说了算"。于是，在采购的过程中处心积虑绕开单位内部职能部门或单位指定竞价平台的监管，与"友好"的供应商"勾肩搭背"，形成"默契"，以虚高的价格购买实验耗材，供应商再给采购人返还非法利益，形成商业回扣。在公平交易的市场环境下，绝大多数商品都有一个公允的市场价格，而且信息比较透明公开，在课题结题审计时，虚高的价格往往成为审计人员关注的重点，进而很可能导致项目无法通过财务验收。

4. 关联方交易

项目负责人或有采购决定权的人员，在实验耗材采购的过程中，与自己的利益攸关方（如直系亲属或亲朋好友开设的公司）进行买卖交易，从而掉入关联方交易的泥潭。国家"放管服"政策是以信任为前提的，科研诚信理应成为科研人员的工作守则。科研项目经费开支涉及的关联方交易，目前已引起科研管理、审计等监管部门的重点关注，每一位市场经济活动的参与者应自觉回避。尽管关联方交易未必形成利益输送或造成科研资金实质性损失，但是它最大的弊病是破坏了市场经济公平竞争、公平交易的环境和社会规则，是与法治社会格格不入的，广大科研人员应引以为戒。

二、高危的或错误的采购与交易行为导致的后果

通常情况下，违背科研诚信，违规使用科研经费，非法侵占科研资金，可能会面临一系列的处罚：

（1）被下达审计整改意见书或管理建议书，责成当事人整改，科研单位加强管理。

（2）课题结题财务验收不通过，科研经费部分或全额被追缴。

（3）相关课题负责人被问责，监管部门将其纳入科研领域"黑名单"，相关责任人被冻结后续的项目申报1年或多年。

（4）违规行为严重的，单位分管领导被问责，整个单位被冻结后续的项目申报1年或多年。

（5）审计部门发现犯罪线索的，会移交司法机关处理。

三、应对之策

1. 加强科研经费内部控制制度的建设与落实

在国家实施"放管服"政策的大环境下，由于项目组实行课题负责人负责制的管理模式，项目组内部的运作相对封闭，加上组内人员少，助理人员身兼数职，难以按照内部控制的原则做到"不相容岗位严格分离"。因此，科研单位必须重视实验耗材的闭环管理，询价竞价、下订单采购、验收入库、收发和领用管理、结算付款审批等全流程严格按照统一的工作制度落实管理要求。同时，相关职能部门（如科研、财务、审计、纪检等部门）找准内控关键点发力，开展常态化内部监督检查，强化留痕和可溯源工作机制，加强监督管理。

2. 加强对科研人员的警示教育，强化自律管理

（1）科研、财务、审计、纪委等部门经常性对科研人员开展警示教育，以鲜活的案例、血泪的教训，告诫科研人员必须坚守底线，不踩"红线"，不碰"高压线"，提前打"预防针"，增强"免疫力"。

（2）扭转科研人员的观念，尤其要大力批判将科研经费视为个人财产的极端错误思想。牢牢记住：无论是纵向经费还是横向经费，一律"姓公不姓私"。

（3）彻底打消科研人员的侥幸心理，令其不要迷信自己那点小技巧，以为神不知鬼不觉就能把资金转移出去，脱离了监管就可以瞒天过海，更不要相信供应商所谓的"保密承诺""攻守同盟"。在大数据以及多维度的核查中，在纪检、监察、审计以及"公检法"的强大震慑力面前，违法犯罪分子的心理防线都是不堪一击的，一旦被纪检和审计人员关注，所有的违法违纪行为必将原形毕露，广大科研人员唯有知规守矩，才能行稳致远。

3. 标本兼治之策

很多单位引入科研耗材的竞价采购平台，确实极大地提高了工作效率，降低了科研耗材的成本，对于营造廉洁自律和风清气正的科研氛围大有裨益。但是必须看到，仅仅抓好采购竞价环节，仍然达不到目前国家对科研经费的全面监管要求。加强监管有两种模式可资借鉴：

（1）实行实验耗材集中统一配送模式。改变各科研团队自行采购，引入职能部门统一管理，对实验耗材的采购、验收、发放与结算实行集中统一管理，按项目组的研究需要进行配送，即项目组只需按照科研工作需要提出物

资需求，由职能部门按照单位的采购制度、内部控制制度统一采购、验收后发货，以及后续的结算扣费。这个办法的优点是将项目组从繁重的物资采购与管理事务中解放出来，真正贯彻"放管服"精神，同时，将耗材的使用权和采购权完全分离，是加强内部控制的重要手段；缺点是需要配置若干专职工作人员，增加了单位的人力成本。

（2）完善内部控制机制下的自行采购模式。有些单位基于人力成本的考虑或受人员编制的限制，可能无法实现集中统一的采购配送模式，那么可在维持由项目组自行竞价采购的基础上，加强验收环节、物资收发环节的管理。如要求采购人与验收人不能为同一个人，同时强制要求将货物多个角度的实物照（须有物资的货号、批次等基本信息）上传采购竞价系统备查。职能部门应要求并指导项目组做好物资"进销存"管理台账，做到留痕和可溯源，对物资的去向一目了然。

随着全面从严治党深入人心，以及国家监督体系的进一步完善，目前国家相关监督管理部门对国家自然科学基金等重大科研项目的审计审查已经常态化开展。科研人员必须对"红线"和"高压线"保持敬畏之心，严格自律，在科研经费使用过程中做到诚实守信、知规守矩。

本章小结

本章我们系统阐述了采购常识，介绍了政府采购的政策、制度和具体要求，并以某"三甲"医院引入的竞价采购平台为蓝本，详细讲解了采购工作中的规范化管理实务以及取得的成效；最后结合采购工作的敏感性，明确指出实验耗材采购工作中的几种高危行为，为科研财务助理未来承担采购工作画下红线，敲响警示之钟。

第九章
从财务角度选择合格的合作单位

学习指引

当下，在某些产学研科研项目立项阶段，财务专家会对有企业参与的科研项目进行重点把控，对合作单位①的合作资质，特别是对其经营规模、经营状况等进行审核，并出具审核意见。本章将通过多维度的评价和财务审查的方式，重点引导科研财务助理关注潜在合作单位的财务状况、持续经营能力、履约能力、诚信记录等，为事前遴选合作单位、事中监控预警增加一道"安全阀"，加固"防火墙"，确保外拨科研经费的安全。

第一节　了解资产负债表

资产负债表是反映公司在会计期末的财务状况的主要会计报表。资产负债表遵循会计平衡原则，根据"资产＝负债＋所有者权益"的基本关系来编制（图9－1），将合乎会计原则的资产、负债、股东权益等交易科目分为"资产"和"负债及股东权益"两大区块，在经过分录、转账、分类账、试算、调整等会计程序后，以特定日期（通常在月末、季末或年末）的静态公司情况为基准，浓缩成一张报表。其报表功能除公司内部纠错、经营方向、

---

①　本章所指的合作单位，是指参与科研项目研发过程，按照项目申报预算可以独立支配一部分科研经费的使用，并承担一定研发任务的项目参与者，而非一次性买卖或提供一次性服务的供应商。本章是以公司企业作为查验和评价对象来展开阐述的。

防止弊端外，也可让所有阅读者在最短时间内了解公司经营状况。①

资产负债表

项目	项目
资产（可用的钱）	负债（借来的钱）
	所有者权益（自己的钱）

图 9 – 1　资产 = 负债 + 所有者权益

一般情况下，我们可以通过让拟合作单位出示上一年度的由会计师事务所出具的审计报告来获悉对方的资产负债表信息（包括利润表和现金流量表）。

资产负债表（表 9 – 1）包含的项目与内容比较庞杂，科研财务助理无须详细了解本表的各个项目及其内涵，因此这里不对资产负债表各项目作一一介绍。拿到一张完整的资产负债表，我们应该先看整体结构，然后择取特定的精髓条目，即可在短时间内了解这家公司是否具有财务风险。

表 9 – 1　资产负债表

编制单位：　　　　　　　　年　月　日　　　　　　　　单位：元

资产	行次	年初数	期末数	负债和股东权益	行次	年初数	期末数
流动资产：				流动负债：			
货币资金	1			短期借款	68		
短期投资	2			应付票据	69		
应收票据	3			应付账款	70		
应收股利	4			预收账款	71		
应收利息	5			应付工资	72		
应收账款	6			应付福利费	73		
其他应收款	7			应付股利	74		
预付账款	8			应交税金	75		

---

① 李端生：《基础会计学（第 3 版）》，中国财政经济出版社，2012 年。

（续上表）

资产	行次	年初数	期末数	负债和股东权益	行次	年初数	期末数
应收补贴款	9			其他应交款	80		
存货	10			其他应付款	81		
待摊费用	11			预提费用	82		
一年内到期的长期债权投资	21			预计负债	83		
其他流动资产	24			一年内到期的长期负债	86		
流动资产合计	31			其他流动负债	90		
长期投资：							
长期股权投资	32			流动负债合计	100		
长期债权投资	34			长期负债：			
长期投资合计	38			长期借款	101		
固定资产：				应付债券	102		
固定资产原价	39			长期应付款	103		
减：累计折旧	40			专项应付款	106		
固定资产净值	41			其他长期负债	108		
减：固定资产减值准备	42			长期负债合计	110		
固定资产净额	43			递延税项：			
工程物资	44			递延税款贷项	111		
在建工程	45			负债合计	114		
固定资产清理	46						
固定资产合计	50			股东权益：			
无形资产及其他资产：				股本	115		
无形资产	51			减：已归还投资	116		
长期待摊费用	52			股本净额	117		

（续上表）

资产	行次	年初数	期末数	负债和股东权益	行次	年初数	期末数
其他长期资产	53			资本公积	118		
无形资产及其他资产合计	60			盈余公积	119		
				其中：法定公益金	120		
递延税项：				未分配利润	121		
递延税款借项	61			股东权益合计	122		
资产总计	67			负债及股东权益总计	135		

1. 看总资产

首先，我们看总资产这个科目，能看出一家公司的总体规模。一般来说，总资产的规模越大，表示这家公司拥有更强的综合实力以及在其行业中占据更重要的地位。然后，再看这家公司的总资产增长情况。总资产增长率的计算公式为：（总资产期末数 − 总资产年初数）/总资产年初数。如果总资产增长率比较高，证明这家公司处于快速扩张之中或成长周期内，反之如果总资产增长率为负数，则表示公司可能处于衰退期。但是光凭总资产增长率还不能判断一家公司是否真的成长性较好，还需要结合下面的一些科目一起来判断。

2. 看总资产和总负债

会计恒等式为：资产 = 负债 + 所有者权益。那么这里，我们可以用总负债除以总资产，得到资产负债率。什么是资产负债率，就是一家公司负债占资产的比例。首先来看资产负债率的绝对值，资产负债率越大，表明总负债占总资产的比值越大，一家公司的总负债占比大，公司就具有一定的风险，这个时候值得我们特别关注。但是，也不是说资产负债率的值越小越好。如果一家公司的总负债中应付票据、应付账款、预收账款这类余额的科目较大而导致总负债较大，表明公司可以无偿使用供应商或者客户的资金，这是公司竞争力强的表现，因为应付票据、应付账款、预收账款是我们应该支付给供应商的货款或者提前收到客户的货款。除了看资产负债率的绝对值，还应该关注资产负债率的增长情况，如果公司连续几年资产负债率都维持在一个比较平稳且较低的水平，那么我们基本可以判断这家公司发生财务风险的概率较低。

不同行业的经营模式、发展阶段以及市场环境都不相同，因此其资产结构和财务状况也各有特点。下面以制造业和服务业这两个典型行业为例介绍资产负债率。制造业通常需要较高的固定投入，如房产、设备等固定资产，因此其总资产的规模一般较大。同时，由于生产周期长、资金周转慢，其短期债务相对比较少，长期债务占比较高。因此，制造业的资产负债率一般偏高，平均值在50%左右。服务业相对于制造业而言，固定资产投入较少，流动资产占比较高，同时服务业周期性比较短、资金周转快，短期债务占比相对较高。因此，服务业的资产负债率一般偏低，行业平均值在30%左右。

3. 看应收应付账款和预付预收账款

应收账款和应收票据从资产负债表上来看，属于同一种科目类别。应收账款和应收票据，简单来说就是应该收而还没有收到的钱和票据。即该公司把货卖给了客户，客户已提货，但未付款，该公司就把该笔钱记入应收账款或应收票据。同理，应付票据和应付账款就是应该付给供应商，但仍未支付的钱和票据。即该公司向供应商购买材料且已经将货物取走，但是还没有把货款支付给供应商，这笔货款就被记入应付账款或应付票据。预付账款即该公司还没有拿到货物，就预先打给对方的货款。预收账款即该公司还没有发货给客户，就已经提前收到的客户支付的货款。

一般来说，应收票据、应收账款以及预付账款的金额越小，代表该公司的竞争力越强，行业地位也就越高。同理，应付票据、应付账款和预收账款金额越大，代表该公司的竞争力越强，行业地位也就越高。比如，某公司购买原材料等物品，对方允许先欠货款，或者客户要买该公司的产品需要提前支付货款，都代表该公司的行业地位高。

4. 看固定资产

固定资产是指公司为生产产品、提供劳务、出租或者经营管理而持有的、使用时间超过12个月的，价值达到一定标准的非货币性资产，包括房屋、建筑物、机器、机械、运输工具以及其他与生产经营活动有关的设备、器具、工具等。我们看资产表中的固定资产，要看固定资产与在建工程的合计与总资产的比例。这里把在建工程也算做固定资产，因为在建工程建好了就会转入固定资产科目，成为公司的一项固定资产。如果一家公司的固定资产与在建工程的合计与总资产的比例大于40%，则需要特别关注。

第二节　了解利润表

利润表（表9-2）是反映公司在一定会计期间的经营成果的财务报表。利润表是根据"收入－费用＝利润"的基本关系来编制的，其具体内容取决于收入、费用、利润等会计要素及其内容，利润表项目是收入、费用和利润要素内容的具体体现。

表9-2　利润表

会企02表

编制单位：　　　　　　年　月　日　　　　　　单位：元

项目	本期金额	上期金额
一、主营业务收入		
减：主营业务成本		
税金及附加		
销售费用		
管理费用		
研发费用		
财务费用		
其中：利息费用		
利息收入		
资产减值损失		
信用减值损失		
加：其他收益		
投资收益（损失以"－"号填列）		
其中：对联营企业和合营企业的投资收益		
净敞口套期收益（损失以"－"号填列）		
公允价值变动收益（损失以"－"号填列）		
资产处置收益（损失以"－"号填列）		

（续上表）

项目	本期金额	上期金额
二、营业利润（亏损以"－"号填列）		
加：营业外收入		
减：营业外支出		
三、利润总额（亏损总额以"－"号填列）		
减：所得税和		
四、净利润（亏损总额以"－"号填列）		
（一）持续经营净利润（净亏损以"－"号填列）		
（二）终止经营净利润（净亏损以"－"号填列）		
五、其他综合收益的税后净额		
（一）不能重分类进损益的其他综合收益		
1. 重新计量设定收益计划变动额		
2. 权益法下不能转损益的其他综合收益		
3. 其他权益工具投资公允价值变动		
4. 企业自身信用风险公允价值变动		
……		
（二）将重分类进损益的其他综合收益		
1. 权益法下可转损益的其他综合收益		
2. 其他债权投资公允价值变动		
3. 金融资产重分类计入其他综合收益的金额		
4. 其他债权投资信用减值准备		
5. 现金流量套期储备		
6. 外币财务报表折算差额		
……		
六、综合收益总额		
七、每股收益		

147

（续上表）

项目	本期金额	上期金额
（一）基本每股收益		
（二）稀释每股收益		

1. 看营业收入

拿到利润表，我们可以先看这家公司的营业收入，营业收入是公司从事主营业务或其他业务所取得的收入。营业收入金额大的公司，往往是行业经营状况比较良好的公司，在行业有较大的影响力。可以用公司的增长率来判断公司当前的成长能力。增长率的计算公式为：（本年营业收入－上年营业收入）/上年营业收入×100%。一般情况下，增长率大于10%的公司处于快速成长期；小于10%的公司成长速度比较慢；小于0的公司要么处于衰退期，要么就是遇到了困难。

2. 看毛利率

毛利率是毛利与销售收入（或营业收入）的百分比，其中毛利是收入和与营业成本之间的差额，毛利率是反映公司核心竞争力最直接的指标。毛利率高说明公司产品、服务的竞争力强，反之亦然。毛利率的计算公式为：（营业收入－营业成本）/营业收入×100%。

3. 看费用率

费用包括销售费用、管理费用、财务费用、研发费用四种，总费用率则是四项费用占营业收入的比例，计算公式为：总费用率 =（销售费用＋管理费用＋财务费用＋研发费用）/营业收入×100%。销售费用是指公司销售商品和材料、提供劳务的过程中发生的各种费用。管理费用是指公司的行政管理部门为组织和管理生产经营活动而发生的各种费用。财务费用是指公司为筹集生产经营所需资金发生的各项费用，财务费用包括利息支出（减利息收入）、汇兑损益以及相关的手续费、公司发生的现金折扣或收到的现金折扣等。研发费用是指研究与开发某项目所支付的费用。

首先，看销售费用与营业收入的变动情况。看营业收入是否随销售费用的增加而增加。一般而言，销售费用与营业收入应该成正比，如果销售费用占营业收入的比例增加，而营业收入却下降了，说明公司在销售中遇到了问题，或者是营销方面存在缺陷。

其次，看研发费用率的变动。现在是创新驱动的时代，只有不断创新才能跟上时代步伐，所以公司持续投入研发资金才能得到更好的发展。如果公司研发费用逐步增长，则表示该公司可能有较好的前景。

最后，比较费用率与毛利率。用毛利率除以总费用率能得知某家公司这一年到底赚了多少钱，其中有多少是真金白银。假设一家公司一年有100万元的营业收入，80万元的营业成本，那么这家公司的毛利为20万元，毛利率为20%。这家公司的四项费用（销售费用、管理费用、财务费用及研发费用）为18万元，总费用率为18%。这家公司的毛利率为20%，看起来很正常，但是如果总费用率（18%）占了毛利率的90%，那么说明该公司100元的收入有20元为利润，但公司真正赚到的只有2元，可以判断该公司基本不赚钱。

4．看主营利润率

主营利润的计算公式为：主营利润＝营业收入－营业成本－四项费用－税金及附加。用主营利润与营业收入相比较可以得出主营利润率，主营利润率越高，则说明公司的利润结构越稳定。

第三节 了解现金流量表

现金流量表是财务报表的三个基本报表之一，所表达的是在某一固定期间内，一家机构的现金（包含银行存款）的增减变动情形。

现金流量表中的现金流量分为三大类：经营活动现金流量、投资活动现金流量和筹资活动现金流量。具体样式见表9-3。

表9-3 现金流量表

会企03表

编制单位：　　　　　　　　　年　月　日　　　　　　　　单位：元

项目	行次	金额
一、经营活动产生的现金流量：	1	
销售商品、提供劳务收到的现金	2	
收到的税费返还	3	

（续上表）

项目	行次	金额
收到的与经营活动有关的其他现金	4	
现金流入小计	5	
购买商品、接受劳务支付的现金	6	
支付给职工以及为职工支付的现金	7	
支付的各项税费	8	
支付的与经营活动有关的其他现金	9	
现金流出小计	10	
经营活动产生的现金流量净额	11	
二、投资活动产生的现金流量：	12	
收回投资所收到的现金	13	
取得投资收益所收到的现金	14	
处置固定资产、无形资产和其他长期资产收回的现金净额	15	
收到的与投资活动有关的其他现金	16	
现金流入小计	17	
购建固定资产、无形资产和其他长期资产支付的现金	18	
投资所支付的现金	19	
支付的其他与投资活动有关的现金	20	
现金流出小计	21	
投资活动产生的现金流量净额	22	
三、筹资活动产生的现金流量：	23	
吸收投资所收到的现金	24	
借款收到的现金	25	
收到的其他与筹资活动有关的现金	26	
现金流入小计	27	
偿还债务所支付的现金	28	

（续上表）

项目	行次	金额
分配股利、利润或偿付利息所支付的现金	29	
支付的其他与筹资活动有关的现金	30	
现金流出小计	31	
筹资活动产生的现金流量净额	32	
四、汇率变动对现金的影响	33	
五、现金及现金等价物净增加额	34	

1. 经营活动现金流量

指公司投资活动和筹资活动以外的所有的交易和事项产生的现金流量，是公司现金的主要来源。一般来说，经营活动现金流量为正数。

（1）将销售商品、提供劳务收到的现金与购进商品、接受劳务付出的现金进行比较，若销售商品、提供劳务收到的现金大于购进商品、接受劳务付出的现金，说明公司的销售利润大，销售回款良好。

（2）将销售商品、提供劳务收到的现金与经营活动流入的现金总额进行比较，可大致说明公司产品销售现款占经营活动流入现金的比重大小。比重越大，说明公司主营业务突出，营销状况良好。

（3）将本期经营活动现金净流量与上期比较，增长率越高，说明公司成长性越好。

2. 投资活动现金流量

指公司长期资产（通常指一年以上）的购建及其处置产生的现金流量，包括购建固定资产、长期投资现金流量和处置长期资产现金流量。一般来说，投资活动的现金流量为负数。

当公司扩大规模或开发新的利润增长点时，需要大量的现金投入，投资活动产生的现金流入量补偿不了流出量，投资活动现金净流量为负数[1]，但公司如果投资有效，将会在未来产生现金净流入用于偿还债务，创造收益，公司便不会有偿债困难。因此，分析投资活动现金流量，还应结合公司的投

---

[1]　陈宏博：《现金流量表分析切合点的现实思考》，《天津市财贸管理干部学院学报》2012年第14卷第4期第42、43、58页。

资项目，不能简单地以现金是净流入还是净流出来论优劣。

3．筹资活动现金流量

指因经济活动导致公司资本和债务发生变化而产生的现金流量。筹资活动产生的现金净流量越大，表示公司面临的偿债压力越大。但是，如果现金净流入量主要来自公司吸收的权益性资本而非债务性资本，即如果公司吸收的资金来源于投资者投入而非银行贷款（债务性资本），则不仅不会面临偿债压力，资金实力反而会增强。因此，在分析时，可将吸收权益性资本（投资者投入）收到的现金与筹资活动现金总流入相比较，所占比重大，说明公司资金实力增强，财务风险降低。反之，如果债务性资本（银行贷款）占筹资活动现金流量比重大，则说明公司未来还款压力大，财务风险高。

4．经营活动现金流量中的异常现象

（1）持续的经营活动现金流净额为负数。如果公司经营活动现金流净额为负数，则表明该公司在日常经营过程中，收到的现金少于支付的现金，这个信号表明该公司可能遭遇了比较大的财务风险，需要引起注意。

（2）虽然经营活动现金流量表净额为正数，但主要是因为应付账款和应付票据的增加。应付账款和应付票据的大量增加，可能意味着公司拖欠供应商货款，是公司资金链断裂前的一种异常征兆。

（3）经营活动现金流净额远低于净利润，这一迹象提示需要注意公司利润造假的可能。

5．投资活动现金流量中的异常现象

（1）购买固定资产、无形资产等的支出，持续高于经营活动现金流量净额，说明公司持续借钱维持投资行为。

（2）投资活动现金流入里面，有大量现金是因出售固定资产或其他长期资产而获得的，这可能是公司经营能力衰败的标志，是公司经营业绩进入下滑跑道的信号。

6．筹资活动现金流量中的异常现象

（1）公司通过借款收到的现金，远小于归还借款支付的现金。这可能透露银行降低了对该公司的贷款意愿，信用等级存在降低的风险。

（2）公司为筹资支付了显然高于正常水平的利息或中间费用——体现在"分配股利、利润或偿付利息支付的现金"和"支付的其他与筹资活动有关的现金"两个项目的明细里。

7. 通过现金流量表寻找优质合作单位

通过以上在现金流量表中体现的异常现象，我们可以甄别一家合作单位是否存在财务风险，而以下五个现金流量表中的指标，可以帮助科研财务助理快速寻找优质的潜在合作单位：

（1）经营活动产生的现金流量净额 > 净利润 > 0。

（2）销售商品、提供劳务收到的现金 ≥ 营业收入。

（3）投资活动产生的现金流量净额 < 0，且主要是投入新项目，而非用于维持原有生产能力。

（4）现金及现金等价物净增加额 > 0。

（5）期末现金及现金等价物余额 ≥ 有息负债，可放宽为期末现金及现金等价物 + 应收票据中的银行承兑汇票 > 有息负债。

第四节　其他甄别遴选合作单位的审查方法

一、查询公司基本信息

（1）手机下载"天眼查"App 软件（图 9-2）。

天眼查

图 9-2　天眼查 App 图标

（2）进入之后，页面会弹转到"天眼查 App"查询界面，找到输入框（图 9-3）。

（3）在输入框中输入想要查询的公司名称后，页面会弹出公司的基本信息，有公司名称、公司商标、公司是否存续、法定代表人、注册资本、成立

图9-3 天眼查App查询界面1

日期、规模及员工数量等信息，还有公司的电话、地址及邮箱信息（图9-4）。示例中：此公司的注册资本是200万元人民币；成立于2021年，说明是一个成立不久的新公司；公司经营状态为"存续"，说明截至目前，公司是正常经营的；公司显示有"司法案件"，说明公司可能存在司法风险，应当引起关注。

图9-4 天眼查App查询界面2

（4）在下拉界面可以看到公司股东、高管信息以及天眼查 App 预警的公司风险，包括公司自身风险、周边风险、历史风险和预警提醒等（图 9 - 5）；可以点击进入查询具体风险事件。若公司存在的风险较大，则要考虑是否与该公司进一步合作。

图 9 - 5　天眼查 App 查询界面 3

二、查询公司不良记录

（1）搜索"国家公司信用信息公示系统"。

（2）点击进入"国家公司信用信息公示系统"。

（3）点击"查询"。

（4）在查询页面找到公司全称，点击进入公司页面。

（5）在公司页面点击"行政处罚信息"，可获得查询结果。

第五节　案例学习——某医院一项科研项目未通过验收引起的警示

一、案例回顾

A 科研项目为某市属科技项目，其项目牵头单位为某公立医院。根据项目申报书，该医院外拨科研经费 60 万元至该项目合作单位 B 公司。在项目结题时，受某市科学技术局委托，经科研项目验收专家审阅科研材料、听取项目执行报告后，发现 B 公司在使用财政经费时未进行专账核算；部分支出发生在合同期之前；涉及列支预算外费用，比如支出礼品费、汽油费、车补等与项目无关的费用等情况。根据审计结果，B 公司须退回项目经费 32.93 万元至国库。但因 B 公司与 C 公司产生经济纠纷，C 公司向人民法院提起民事诉讼并申请财产保全，冻结了 B 公司财产，导致 B 公司仅能勉强维持基本运营，已出现拖欠员工工资和税款的情况，以致无法在规定时限内退回涉及 A 科研项目的财政资金，因此导致 A 科研项目无法顺利结题。

二、案例启示

根据以上案例可知，导致该科研项目无法顺利结题的主要原因是合作单位使用科研经费不规范，以及合作单位卷入经济纠纷导致无法退回部分经费。深究根源，是科研项目组在遴选合作单位阶段对合作单位的实际经营管理情况了解不足，造成选择时的判断失误，且在合作阶段对合作单位的日常指导和监督不足，最终导致产生了后续的一系列问题。下面，就此案例给予的启示提出三点应对措施：

（1）项目牵头单位应加强对合作单位的遴选及资格审查。核查合作单位是否合法存续，审核其从业资格等资质文件，核实其信用状况，查阅其财务报表等。在与合作单位签订合同之前，可按照购买服务标准，实行政府采购或招投标，并对合作单位进行资质审核，以及明确专项经费的管理要求，保证科研经费最大限度地合法、合规使用，减少违规行为的发生。

（2）合作单位在收到项目牵头单位下达的科研经费后，应将项目专项资金纳入单位财务统一管理，单独核算，专款专用；合作单位的财务人员应合理审核科研经费开支的范围和开支标准，加强对每笔支出的真实性、相关性、合法性审核；科研项目组人员不得擅自扩大支出范围，变相套取或转拨专项资金。

（3）建立健全科研经费监督检查长效机制。科研经费涉及面广、参与主体多、环节复杂，有必要加强科研项目的自律管理。项目牵头单位对合作单位外拨经费的，应进行事前指导、事中检查监督、事后补救调整，通过经常性的督导制度，及时发现违规行为，立行改正，防微杜渐，营造风清气正的科研环境。

本章小结

本章从财务报表入手，尝试通过主要的财务指标来量化考核与评价一家合作单位的财务状况、持续经营能力和履约能力，同时辅以国家公开的信息渠道，查验企业高管、征信信息等情况，作为科研团队选择合作伙伴时的参考。科研经费的国有资产属性决定了在使用科研经费时必须将安全性和合规性放在首位。因此，在选择合作单位时，应坚持谨慎原则，对候选合作单位的财务状况及诚实守信等方面进行必要的查验，避免"盲婚哑嫁"，所托非人，更要避免合作方经费管理缺陷或合作伙伴履约能力不足而导致整个项目无法通过验收。

第十章
规范意识的培养与警示教育

学习指引

　　本章将引入规范意识的学习培养与开展警示教育，重点讲述"中央八项规定"及"小金库"的知识要点，并深入解析两起科研领域的典型案例，旨在帮助科研财务助理筑牢规范意识，知规守矩，在参与科研工作中做好自律管理、自我约束，成为科研团队中德才兼备的合格"护航员"，为科研财务工作提供坚强保障。

第一节　规范意识在科研工作中的重要性

　　通俗来说，规范意识是指某个人对社会行为准则或约定俗成标准的认同与遵守，可以涉及道德意识、法律意识和技术标准等多个领域。这种意识主要体现在个体对国家法律、社会道德、行业规则与制度等方面的接受、认同、遵守和执行上，是个人行为准则的重要组成部分。规范意识并非与生俱来的，也非一朝一夕就可以养成或提升的，而是要经过长期接受宣传教育、社会环境熏陶和个人素质提高等多种因素叠加影响后，才逐步定型，成为一种行为与思维方式的自觉。

　　当一个人的规范意识养成后，通常具备以下四个特点：在意识上对规范的尊重与认同，在行为上对规则的自觉遵守，在习惯上具备自我约束能力，在执行上对突破规范心存戒惧。

　　规范意识在科研工作中的重要性主要体现在以下三方面。

1. 科研工作离不开规范意识，规范意识可以促进科研工作优质高效地开展

良好的规范意识，不仅体现在具体科学实验操作流程的行为规范上，也体现在科研学术活动的求真务实上，更体现在科研经费和资源的合规使用上。这些行为规范不但有助于科研项目的顺利推进并按时按质完成科研任务，而且还有助于降本增效，节约经费，提高科研职业道德水平，涵养科研诚信和廉洁自律的职业素养。"放管服"政策在我国科研领域落地实施，是以信任为前提的，这就需要广大科技人员自觉做好自律管理，强化自我约束和自我规范，才能确保对国家下放的科研自主权接得住、管得好、用得上。尤其是在全面从严治党、依法治国已蔚然成风的新时代背景下，对具有国有资产性质的科研经费进行规范化管理是最基本的要求。如果科研从业人员的规范意识淡薄，"放管服"中这个"信任"前提必将岌岌可危，科研管理体制很容易又回到"一统就死、一放就乱"的老路。因此，对于科研财务助理，乃至整个科研团队，规范意识在科研工作中的重要性不言而喻。

2. 强化规范意识，是科研单位加强科研团队内部管理的客观需要

目前，大多数科研团队通常由课题负责人、研究助理、技术员、研究生、科研财务助理等人员组成。一方面，课题负责人在团队内处于绝对核心地位，对课题组内的"人、财、物"拥有支配权、使用权和人员聘用权；另一方面，由于课题组内人数较少，往往一个人身兼数职，内部控制机制容易失效，例如不相容岗位未必可以做到完全分离。此外，在"放管服"政策落地后，各项目承担单位为了减轻科研人员的负担，减少不必要的干预，基本上实行"课题负责人负责制"，也就是充分放权与授权，给予科研人员充分的信任，单位职能部门更多转为指导与服务，单位内部监管趋于弱化。这种情况下，项目组能否做到规范管理、自律管理，无疑将面临巨大的挑战。

规范可以说是科研团队开展科学活动的生命线。规范意味着科研活动和经费管理符合国家的政策法规，符合单位的管理制度与科研规范，经费的管理与使用经得起各种巡视巡查和结题审计的考验，并最终能顺利完成研究任务和通过项目验收。

事实上，在科研领域仍然有一小撮人，他们心存侥幸地认为"科研经费是自己辛辛苦苦竞争回来的资源，想怎么花就怎么花"。这种错误思想必然衍生危险行为，主要表现为在科研经费开支中，总是千方百计突破开支范围和标准，处心积虑多吃多占，弄虚作假侵吞经费，经济往来搞关联交易等。一步步坠入万丈深渊……最终造成国家科技人才损失、科研经费流失、承担科研项目的单位名誉受损、个人前途尽毁的惨痛教训。

因此，从项目研究启动伊始，就应沿着规范的方向开展工作，而不是等到研究任务进入尾声，各项经费开支已成定局，才发现这项费用超预算、那项开支超标准，甚至经费还趴在账上没使用，面临无法通过审计关和结题关，才匆忙调整项目预算、经费开支，甚至突击花钱。这些在科研经费使用和管理上的不规范行为，无论怎样倒腾，都已在财务账上留痕，是无法完全消弭的。在目前的科研管理体制下，从源头上规范科学研究，规范项目管理与经费开支，始终是科研项目承担单位最有效益的管理模式。

3. 强化规范意识，是新时代科研事业高质量发展的必然要求

规范意识是维护学术尊严和创造良好科研环境的基础。科研人员在科研活动中坚持规范，有利于树立正确的科研价值观，弘扬和传承"热爱祖国、无私奉献，自力更生、艰苦奋斗，大力协同、勇于登攀"的"两弹一星"精神，自觉遵守科研行为规范，坚决抵制科研不端行为。科研人员在科研资源的使用中坚持规范，例如科学地安排科研进度，经费的使用符合国家政策法规，经费开支符合课题经费预算和制度要求，不违规使用经费等，可以有效避免"踩红线"，亦可远离"高压线"。这些都是科研管理工作的根本出发点。

党的二十届三中全会公报强调："高质量发展是全面建设社会主义现代化国家的首要任务。必须以新发展理念引领改革，立足新发展阶段，深化供给侧结构性改革，完善推动高质量发展激励约束机制，塑造发展新动能新优势。"广大科技工作者承担着科技兴国的重大战略任务，承担着科技关键领域创新突破的光荣使命，承载着党、祖国和人民的殷切期望。规范意识贯穿在科研工作的全过程，有利于打造一个规范管理和风清气正的科研环境，有利于科研人员更好地潜心科学研究，有助于他们在自己的研究领域作出更大贡献。这些都是实现国家科技事业高质量发展和高水平科技自立自强的必要条件。因此，在规范化管理模式下，加快科学技术进步，提升科研工作质量，共同营造一个"健康、公平、积极、创新"的科研环境，既是新时代的呼唤，更是新时代的必然要求。

综上所述，国家实施"放管服"政策后，规范意识在科研工作中扮演着至关重要的角色。它不仅关系到科研活动的质量和效率，也影响到科学研究的可信度，还影响到社会公众对科研领域的认可度。因此，增强科研工作中的规范意识，对于推动科学研究的发展、提高科研质量、维护科研诚信具有

十分重要的意义。

第二节 中央八项规定的知识要点

一、中央八项规定的提出及其主要内容

党的十八大以来，以习近平同志为核心的党中央坚定推进全面从严治党，制定和落实中央八项规定，开展党的群众路线教育实践活动，坚决反对形式主义、官僚主义、享乐主义和奢靡之风。这对于我们党始终保持党的先进性和纯洁性、始终保持党同人民群众的血肉联系、使我们党始终成为中国特色社会主义事业的坚强领导核心，具有十分重要的意义。

1. 中央八项规定的提出

针对过去党风建设中存在的一些问题，在党的十八大选举产生的新一届中央领导集体上任伊始，中央政治局就明确提出，抓作风建设，首先要从中央政治局做起，要求别人做到的自己先要做到，要求别人不做的自己坚决不做，以良好的党风带动政风民风。

2012 年 12 月 4 日，中共中央政治局召开会议，审议通过了《中共中央政治局关于改进工作作风密切联系群众的规定》，简称"中央八项规定"。

2. 中央八项规定的主要内容

（1）要改进调查研究，到基层调研要深入了解真实情况，总结经验、研究问题、解决困难、指导工作，向群众学习、向实践学习，多同群众座谈，多同干部谈心，多商量讨论，多解剖典型，多到困难和矛盾集中、群众意见多的地方去，切忌走过场、搞形式主义；要轻车简从、减少陪同、简化接待，不张贴悬挂标语横幅，不安排群众迎送，不铺设迎宾地毯，不摆放花草，不安排宴请。

（2）要精简会议活动，切实改进会风，严格控制以中央名义召开的各类全国性会议和举行的重大活动，不开泛泛部署工作和提要求的会，未经中央批准一律不出席各类剪彩、奠基活动和庆祝会、纪念会、表彰会、博览会、研讨会及各类论坛；提高会议实效，开短会、讲短话，力戒空话、套话。

（3）要精简文件简报，切实改进文风，没有实质内容、可发可不发的文件、简报一律不发。

（4）要规范出访活动，从外交工作大局需要出发合理安排出访活动，严格控制出访随行人员，严格按照规定乘坐交通工具，一般不安排中资机构、华侨华人、留学生代表等到机场迎送。

（5）要改进警卫工作，坚持有利于联系群众的原则，减少交通管制，一般情况下不得封路、不清场闭馆。

（6）要改进新闻报道，中央政治局同志出席会议和活动应根据工作需要、新闻价值、社会效果决定是否报道，进一步压缩报道的数量、字数、时长。

（7）要严格文稿发表，除中央统一安排外，个人不公开出版著作、讲话单行本，不发贺信、贺电，不题词、题字。

（8）要厉行勤俭节约，严格遵守廉洁从政有关规定，严格执行住房、车辆配备等有关工作和生活待遇的规定。

中央八项规定的出台，展现了十八大后新一届党中央领导集体的执政理念和姿态，彰显了党中央全面从严治党的决心。在中央八项规定发布10周年之际，习近平总书记在党的二十大报告中再次强调："锲而不舍落实中央八项规定精神，抓住'关键少数'以上率下，持续深化纠治'四风'，重点纠治形式主义、官僚主义，坚决破除特权思想和特权行为。"因此，中央八项规定不是只管五年、十年，而是长期有效的铁规矩、硬杠杠，必须永吹冲锋号，把落实中央八项规定精神一抓到底。

二、中央列出违反八项规定清单 80 条

单纯从片面理解，可能会有人误以为中央八项规定与科研财务助理的具体工作关联性不强。然而事实并非如此，中央八项规定既统揽全局，又具体细致，是中国共产党在新时代改进工作作风、密切联系群众的纲领性文件，对日常工作有很强的指导意义。

从中央列出违反八项规定清单 80 条可以看出，大部分与科研财务工作息息相关。因此，我们必须全面、深入、细致地去解读中央八项规定，严格遵守，避免踩"红线"，杜绝碰触"高压线"。

1. 经费管理（共 9 条）

（1）严禁以各种名义突击花钱和滥发津贴、补贴、奖金、实物。

（2）严禁用公款购买、印制、邮寄、赠送贺年卡、明信片、年历等物品。

（3）严禁用公款购买赠送烟花爆竹、烟酒、花卉、食品等年货节礼（慰问困难群众职工不在此限）。

（4）依法取得的各项收入必须纳入符合规定的单位账簿核算，严禁违规转移到机关所属工会、培训中心、服务中心等单位账户使用。

（5）严禁超预算或无预算安排支出，严禁虚列支出、转移或者套取预算资金。

（6）严格控制国内差旅费、因公临时出国费、公务接待费、公务用车购置及运行费、会议费、培训费等支出，年度预算执行中不予追加。

（7）严格开支范围和标准，严格支出报销审核，不得报销任何超范围、超标准以及与相关公务活动无关的费用。

（8）政府采购严格执行经费预算和资产配置标准，合理确定采购需求，不得超标准采购，不得超出办公需要采购服务。

（9）严格执行政府采购程序，不得违反规定以任何方式和理由指定或者变相指定品牌、型号、产地。

2. 公务接待（共 15 条）

（10）严禁用公款大吃大喝或安排与公务无关的宴请；严禁用公款安排旅游、健身和高消费娱乐活动。

（11）禁止异地部门间没有特别需要的一般性学习交流、考察调研，禁止违反规定到风景名胜区举办会议和活动。

（12）对无公函的公务活动不予接待，严禁将非公务活动纳入接待范围。

（13）不得用公款报销或者支付应由个人负担的费用；不得要求将休假、探亲、旅游等活动纳入国内公务接待范围。

（14）不得在机场、车站、码头和辖区边界组织迎送活动，不得跨地区迎送，不得张贴悬挂标语横幅，不得安排群众迎送，不得铺设迎宾地毯。

（15）住宿用房以标准间为主，接待省部级干部可以安排普通套间，不得额外配发洗漱用品。

（16）接待对象应当按照规定标准自行用餐，接待单位可以安排工作餐一次。接待对象在 10 人以内的，陪餐人数不得超过 3 人；超过 10 人的，不得超过接待对象人数的三分之一。

（17）工作餐应当供应家常菜，不得提供鱼翅、燕窝等高档菜肴和用野生保护动物制作的菜肴，不得提供香烟和高档酒水，不得使用私人会所、高消费餐饮场所。

（18）国内公务接待的出行活动应当安排集中乘车，合理使用车型，严格控制随行车辆。

（19）公务接待费用应当全部纳入预算管理，单独列示。

（20）禁止在接待费中列支应当由接待对象承担的差旅、会议、培训等费用，禁止以举办会议、培训为名列支、转移、隐匿接待费开支；禁止向下级单位及其他单位、企业、个人转嫁接待费用，禁止在非税收入中坐支接待费用；禁止借公务接待名义列支其他支出。

（21）接待单位不得超标准接待；县级以上地方党委、政府按照当地会议用餐标准制定公务接待工作餐开支标准。

（22）接待单位不得组织旅游和与公务活动无关的参观，不得组织到营业性娱乐、健身场所活动，不得安排专场文艺演出，不得以任何名义赠送礼金、有价证券、纪念品和土特产品等。

（23）公务活动结束后，接待单位应当如实填写接待清单。接待清单包括接待对象的单位、姓名、职务和公务活动项目、时间、场所、费用等内容。

（24）接待费报销凭证应当包括财务票据、派出单位公函和接待清单。

3．会议活动（共 16 条）

（25）会议费预算要细化到具体会议项目，执行中不得突破。会议费应纳入部门预算，并单独列示。

（26）二、三、四类会议会期均不得超过 2 天；传达、布置类会议会期不得超过 1 天。会议报到和离开时间，一、二、三类会议合计不得超过 2 天，四类会议合计不得超过 1 天。

（27）二类会议参会人员不得超过 300 人，其中，工作人员控制在会议代表人数的 15% 以内；三类会议参会人员不得超过 150 人，其中，工作人员控制在会议代表人数的 10% 以内；四类会议参会人员视内容而定，一般不得超过 50 人。

（28）各单位会议应当到定点饭店召开，按照协议价格结算费用。未纳入定点范围，价格低于会议综合定额标准的单位内部会议室、礼堂、宾馆、招待所、培训中心，可优先作为本单位或本系统会议场所。

（29）会议费开支范围包括会议住宿费、伙食费、会议室租金、交通费、文件印刷费、医药费等。

（30）会议费由会议召开单位承担，不得向参会人员收取，不得以任何方式向下属机构、企事业单位、地方转嫁或摊派。

（31）会议费报销时应当提供会议审批文件、会议通知及实际参会人员签到表、定点饭店等会议服务单位提供的费用原始明细单据、电子结算单等凭证。

（32）严禁各单位借会议名义组织会餐或安排宴请；严禁套取会议费设立"小金库"；严禁在会议费中列支公务接待费。

（33）各单位应严格执行会议用房标准，不得安排高档套房；会议用餐严格控制菜品种类、数量和分量，安排自助餐，严禁提供高档菜肴，不安排宴请，不上烟酒；会议会场一律不摆花草，不制作背景板，不提供水果。

（34）不得使用会议费购置电脑、复印机、打印机、传真机等固定资产以及开支与本次会议无关的其他费用；不得组织会议代表旅游和与会议无关的参观；严禁组织高消费娱乐、健身活动；严禁以任何名义发放纪念品；不得额外配发洗漱用品。

（35）未经批准，党政机关不得举办各类节会、庆典活动，不得举办论坛、博览会、展会活动。

（36）严禁使用财政性资金举办营业性文艺晚会。

（37）严格控制和规范各类评比达标表彰活动，实行中央和省两级审批制度。

（38）各级党政机关一律不得到八达岭－十三陵、承德避暑山庄外八庙、五台山、太湖、普陀山、黄山、九华山、武夷山、庐山、泰山、嵩山、武当山、武陵源（张家界）、白云山、桂林漓江、三亚热带海滨、峨眉山－乐山大佛、九寨沟－黄龙、黄果树、西双版纳、华山21个风景名胜区召开会议。

（39）地方各级党政机关的会议一律在本行政区域内召开，不得到其他地区召开；因工作需要确需跨行政区域召开会议的，必须报同级党委、政府批准。

（40）严禁超出规定时限为参会人员提供食宿，严禁组织与会议无关的参观、考察等活动。

（41）严禁在会议费、培训费、接待费中列支风景名胜区等各类旅游景点门票费、导游费、景区内设施使用费、往返景区交通费等应由个人承担的费用。

4. 公务出差（共9条）

（42）出差人员应当按规定等级乘坐交通工具。未按规定等级乘坐交通工具的，超支部分由个人自理。

（43）出差人员应当在职务级别对应的住宿费标准限额内，选择安全、经济、便捷的宾馆住宿。

（44）伙食补助费按出差自然（日历）天数计算，按规定标准包干使用。

（45）出差人员应当自行用餐。凡由接待单位统一安排用餐的，应当向接待单位交纳伙食费。

（46）市内交通费按出差自然（日历）天数计算，每人每天80元包干使用。

（47）出差人员由接待单位或其他单位提供交通工具的，应向接待单位或其他单位交纳相关费用。

（48）出差人员应当严格按规定开支差旅费，费用由所在单位承担，不得向下级单位、企业或其他单位转嫁。

（49）实际发生住宿而无住宿费发票的，不得报销住宿费以及城市间交通费、伙食补助费和市内交通费。

（50）出差人员不得向接待单位提出正常公务活动以外的要求，不得在出差期间接受违反规定用公款支付的宴请、游览和非工作需要的参观，不得接受礼品、礼金和土特产品等。

5. 临时出国（共16条）

（51）不得超预算或无预算安排出访团组。确有特殊需要的，按规定程序报批。

（52）不得因人找事，不得安排照顾性和无实质内容的一般性出访，不得安排考察性出访。

（53）严禁接受或变相接受企事业单位资助，严禁向同级机关、下级机关、下属单位、企业、驻外机构等摊派或转嫁出访费用。

（54）出国人员应当优先选择由我国航空公司运营的国际航线，不得以任何理由绕道旅行，或以过境名义变相增加出访国家和时间。

（55）按照经济适用的原则，通过政府采购等方式，选择优惠票价，并尽可能购买往返机票。

（56）因公临时出国购买机票，须经本单位外事和财务部门审批同意。机票款由本单位通过公务卡、银行转账方式支付，不得以现金支付。

（57）出国人员应当严格按照规定安排交通工具，不得乘坐民航包机或私人、企业和外国航空公司包机。

（58）出国人员根据出访任务需要在一个国家城市间往来，应当事先在出国计划中列明，并报本单位外事和财务部门批准。

（59）出国人员应当严格按照规定安排住宿，省部级人员可安排普通套房，住宿费据实报销；厅局级及以下人员安排标准间，在规定的住宿费标准之内予以报销。

（60）参加国际会议等的出国人员，如对方组织单位指定或推荐酒店，应通过询价方式从紧安排，超出费用标准的，须事先报经本单位外事和财务部门批准。

（61）外方以现金或实物形式提供伙食费和公杂费接待我代表团组的，出国人员不再领取伙食费和公杂费。

（62）出访用餐应当勤俭节约，不上高档菜肴和酒水，自助餐也要注意节俭。

（63）出访团组对外原则上不搞宴请，确需宴请的，应当连同出国计划一并报批，宴请标准按照所在国家一人一天的伙食费标准掌握。

（64）出访团组与我国驻外使领馆等外交机构和其他中资机构、企业之间一律不得用公款相互宴请。

（65）出访团组原则上不对外赠送礼品。

（66）出访团组与我国驻外使领馆等外交机构和其他中资机构、企业之间一律不得以任何名义、任何方式互赠礼品或纪念品。

6. 公务用车改革（共5条）

（67）党政机关公务用车处置收入，扣除有关税费后全部上缴国库。

（68）执法执勤用车配备应当严格限制在一线执法执勤岗位，机关内部管理和后勤岗位以及机关所属事业单位一律不得配备。

（69）除涉及国家安全、侦查办案等有保密要求的特殊工作用车外，执法执勤用车应当喷涂明显的统一标识。

（70）各单位按照在编在岗公务员数量和职级核定补贴数额，严格公务交通补贴发放，不得擅自扩大补贴范围、提高补贴标准。

（71）党政机关不得以特殊用途等理由变相超编制、超标准配备公务用车，不得以任何方式换用、借用、占用下属单位或其他单位和个人的车辆，不得接受企事业单位和个人赠送的车辆，不得以任何理由违反用途使用或固定给个人使用执法执勤、机要通信等公务用车，不得以公务交通补贴名义变相发放福利。

7. 停建与清理办公用房（共9条）

（72）各级党政机关自 2013 年 7 月 23 日起 5 年内一律不得以任何形式和理由新建楼堂馆所。已批准但尚未开工建设的楼堂馆所项目，一律停建。

（73）各级党政机关不得以任何名义新建、改建、扩建内部接待场所，不得对机关内部接待场所进行超标准装修或者装饰、超标准配置家具和电器。

（74）维修改造项目要以消除安全隐患、恢复和完善使用功能为重点，严格履行审批程序，严格执行维修改造标准，严禁豪华装修。

（75）各级党政机关不得以任何理由安排财政资金用于包括培训中心在内的各类具有住宿、会议、餐饮等接待功能的设施或场所的维修改造。

（76）超过《党政机关办公用房建设标准》规定的面积标准占有、使用办公用房的，应予以腾退。

（77）已经出租、出借的办公用房到期应予收回，租赁合同未到期的，租金收入严格按照收支两条线规定管理，到期后不得续租。

（78）领导干部在不同部门同时任职的，应在主要工作部门安排一处办公用房，其他任职部门不再安排办公用房；

（79）领导干部工作调动的，由调入部门安排办公用房，原单位的办公用房不再保留。

（80）领导干部已办理离退休手续的，原单位的办公用房应及时腾退。

三、违反中央八项规定精神的后果及处分

（一）概述与要求

中央八项规定是中共中央政治局提出的要求，机关、事业单位、国有企业等的党员和党外职工须不折不扣落实中央八项规定精神。党中央把中央八项规定作为切入口和动员令，从落实中央八项规定精神破题，从中央做起，以上率下，既抓思想引导又抓行为规范，执纪问责，严肃查处和曝光典型案件，从根本上扭转了党内的不正之风，并通过党风带政风促民风，对加强党风廉政建设和作风建设起到了关键作用，在党的历史上和国家政治生活中都产生了深远影响。

中央八项规定是新时代中国共产党贯彻落实全面从严治党和治国理政方略的有效载体，是长期有效的铁规矩、硬杠杠。我们要结合本单位的实际情况，认真贯彻落实中央八项规定精神，毫不懈怠，寸步不让，确保中央八项规定精神在科研领域中得到贯彻落实。

（二）对违反中央八项规定精神的处理

各单位和部门在工作中发现违反中央八项规定精神的问题线索，应交由各级纪检监察部门进行调查、处理。根据十八大以来贯彻中央八项规定精神的执纪实践，对违反中央八项规定精神的问题，要在调查核实的基础上，根据中央和各地、各单位贯彻落实中央八项规定精神的相关规定，以及《中国共产党纪律处分条例》和《中国共产党党内监督条例》等有关规定进行处理。涉嫌违规但没有达到违纪的，按上级和本单位贯彻落实中央八项规定精神的有关规定给予违规处理；构成违纪的，给予纪律处分。

党员违纪的，按《中国共产党纪律处分条例》进行纪律处分。《中国共产党纪律处分条例》第八条规定："对党员的纪律处分种类：（一）警告；（二）严重警告；（三）撤销党内职务；（四）留党察看；（五）开除党籍。""违反中央八项规定精神的问题"是重点查处的问题，其违纪处分条款散落分布在党的六大纪律条款中。另外，《中国共产党党内监督条例》第三十三条规定："对违反中央八项规定精神的，严重违纪被立案审查开除党籍的，严重失职失责被问责的，以及发生在群众身边、影响恶劣的不正之风和腐败问题，应当点名道姓通报曝光。"

因此，对于违反中央八项规定精神的问题，一旦被发现或曝光，必然会受到严肃的追究处理，这是中国共产党贯彻全面从严治党的需要，更是由中国共产党的性质和宗旨决定的。各单位、各党政职能部门、各党支部对落实中央八项规定精神负有主体责任，党政领导干部要在日常工作中履行"一岗双责"，抓好职责范围内的作风建设工作。各级纪检监察部门履行专责监督的职责，对违反中央八项规定精神的问题进行严肃处理，强化追责问责，以问责常态化倒逼责任落实；在严肃处理直接责任人的同时，还可以根据实际情况，严肃追究单位、部门、党组织相关领导干部的领导责任和监督责任。对于有关责任人违纪情节严重、涉嫌犯罪的，须将问题线索移送有关国家机关追究其法律责任。

职工、群众违反中央八项规定精神的，按上级或单位制定的贯彻落实中央八项规定精神的有关制度给予相应处理；构成违纪的，按《事业单位工作人员处分规定》中相对应的条款进行处分。《事业单位工作人员处分规定》第四条所列事业单位工作人员处分的种类为：警告；记过；降低岗位等级；开除。第五条规定受处分的期限为：警告，6 个月；记过，12 个月；降低岗位等级，24 个月。受到处分的工作人员在受处分期间，其考核、竞聘上岗和晋升工资均会受到影响。同样，违纪情节严重、涉嫌犯罪的，移送有关国家机关追究其法律责任。

第三节　"小金库"的知识要点

一、"小金库"的概念与本质特征

"小金库"是我们日常工作中比较常见的违法违纪行为，它对国家的经济活动和党风廉政建设等方面会造成很大的危害，因此，"小金库"一直是国家纪检、审计和财务部门关注的重点。本节主要介绍"小金库"的基本概念、表现形式以及主要特征，希望科研财务助理在以后的工作中知行合一，自觉抵制歪风邪气。

（一）"小金库"的定义及来源

"小金库"是指违反法律法规及其他有关规定，应列入而未列入符合规定的单位账簿的各项资金（含有价证券）及其形成的资产。

"小金库"资金（资产）来源众多，归纳起来，主要有以下13种：财政拨款、政府性基金收入、专项收入、行政事业性收费收入、罚没收入、国有资本经营收入、国有资源（资产）有偿使用收入、资产处置收入、资产出租收入、经营收入、利息收入、捐赠收入、附属单位上缴收入。随着社会经济的发展，"小金库"的来源也不断翻新花样，不法分子以一些貌似正常开展的日常业务或专门收集的发票报销，虚报冒领、虚列支出套取现金，也会形成"小金库"，但是这种通过支出的途径形成的"小金库"，本质上仍然来源于单位的资金或各种收入经费来源。

综上所述，一个单位的收入、资产或支出，如果管理不到位，制度有漏洞，或者内控机制失效，警示教育缺位，经办人违背职业道德，都会成为滋生"小金库"的温床。

（二）"小金库"的认定标准及表现形式

上述"小金库"的定义已表明，认定是否属于"小金库"的唯一标准是，资金和资产是否列入符合规定的单位账簿。具体来看有三个关键点：

（1）记账主体是否符合规定——主体必须正确。

（2）账簿形式是否符合规定——账簿必须合法。

（3）核算内容是否符合规定——内容必须真实。

设立"小金库"的常见表现形式或操作手法主要有：

（1）无中生有，通过虚列开支转出资金设立"小金库"。从表面看似乎是一些正常开展的业务开支，实际是有目的地专门收集发票报销（例如通过非法途径拿到连号的出租车票，分期、分项目报销），虚报、冒领一些可控人员（学生或亲朋好友）的劳务费，虚列支出套取现金，然后单独存放备用或就地私分。

（2）以假乱真，以假发票或套开发票等非法票据骗取资金设立"小金库"。利用互相顶替或他人替换的手法做手脚；或在发票、票据上做文章，将截留、隐匿的收入视为私人财物，在单位账外存放支用。

（3）移花接木，在上下级单位之间相互转移资金设立"小金库"。有些权力部门或腐败分子利用自己掌握预算资金调拨之便，借下拨资金之名，行假拨款、真使用之实，甚至在下拨经费中虚列支出套取现金，或者由下级单位以代收代付转移至账外供非法使用。

（4）浑水摸鱼，以违规收费、罚款及摊派的方式设立"小金库"。以权力寻租，谋求个人或小圈子的经济实惠，如某些执法部门要求违法单位将罚没收入以咨询费、专项费的名义转入其下级单位，再想方设法套出现金，供该部门账外开支招待费、福利费和公关费等。

（5）挂羊头卖狗肉，以会议费、培训费和劳务费等名义套取资金设立"小金库"。也有借举办会议或培训之机，故意虚增预算，虚列支出，事前把一笔开支预付给合作方，双方据实结算后将对方应退还单位的剩余尾款留在合作方，供项目组"核心成员"私自享用或支配，构成损公肥私的"小金库"。

（6）雁过拔毛，利用资产管理漏洞，截留资产处置、出租出借收入设立"小金库"。处置出租固定资产、课室、会议室、设备等收入不开票，隐匿各种收入，自行支配或私分，甚至公然违规或超标准配置小汽车、高端照相机等资产归个人享有。

（7）金蝉脱壳，资金返而不还。以技术项目合作或学术交流等事项为名，把国有资金转移到默契单位，再由默契单位以此作为个人劳务酬金返还；或在采购工作中把本来属于返还单位的优惠让利转化为私人的回扣等，不纳入单位财务账簿，进而设立"小金库"。

（8）弄虚作假，在购销业务中采用虚假验收、虚假发货，套取资金完成外拨，或采用先验收并付款结算，再私下以质量有问题等借口向供应商办理退货但不退款的手法，把资金留在供应商，供小圈子成员支配使用，从而设立"小金库"。

（9）同流合污，以一个单位的消费开支抵减另一个单位的业务收入，实现账外循环，用于小圈子的"合作共赢"。例如，双方达成所谓的"默契共识"：收支互相冲抵，年末再行清算。一方隐匿了收入，可以少交税金，另一方减少了"三公经费"等敏感支出，大家心照不宣，各取所需；甚至直接通过阴阳合同，将差额款转移到账外，以此设立"小金库"。

（三）"小金库"的主要特征

无论出于什么目的，设立"小金库"都是一种违反法律法规及财经纪律的行为。"小金库"最显著的特征是：损公肥私、侵吞公款、化公为私、中饱私囊。"小金库"的具体特性主要表现在四方面。

1. 来源的公共性

"小金库"的资金，不论是乱收费、出租出借国有资产，还是虚列支出、套取现金等，本质上都来自公共财产，具有天然的公共属性。

2. 违法违规性

"小金库"的支配权由某个人说了算，随心所欲，毫无制度规章可循，亦无规则可言，支出必然自由随意。只有不能按单位的制度在财务部门公开报销的费用，才会安排在"小金库"里开支，包括数额较大的行贿、公关、赌博、公费旅游等，成为贪腐的根源。"小金库"的资金无论如何使用，都无法改变其违法的"基因"。

3. 隐蔽性

每一个"小金库"，往往只有单位（部门、项目组）的负责人或少数几个"心腹人员"知道，来源非法，收支隐秘，存放保密，具有很大的隐蔽性。

4. 普遍性

改革开放40多年以来，国家虽然三令五申禁止私设"小金库"，各行业、各类行政事业单位和国有企业均开展过多次大规模的自查和督查，然而，上有政策、下有对策，由"小金库"引发的大案仍然频发、屡禁不止，带有一定的普遍性。

党的十八大以来，全国形成了正风肃纪、反腐惩恶的高压态势，党内政治生态、政治生活得到了根本好转。作为科研财务助理，对自己负责处理的业务必须知规守矩，对"小金库"现象必须有清晰的认知，并自觉守住自己的底线。

二、"小金库"的危害及对其的处罚规定

"小金库"是严重影响国家经济和社会发展的寄生毒瘤，其危害性极大，参与经济活动的每一个公民都应该自觉抵制它。接下来将进一步说明"小金库"的危害，以及国家监督管理部门对设立"小金库"等违法违纪行为的相关处罚规定。

（一）私设"小金库"的主要危害

"小金库"虽然以"小"冠名，但是危害却极大。它是寄生在社会经济健康肌体上的毒瘤，会造成大量国有资产体外循环，成为违法乱纪的助推器和润滑剂，是我国社会主义事业发展的绊脚石。因此，科研财务助理要充分认识其危害性，从我做起，做一名"坚持准则、诚实守信、遵纪守法"的小管家、小助手。概括起来，"小金库"的主要危害有：

（1）败坏了党风政风和社会风气，腐蚀了部分领导干部和公职人员。

（2）导致大量的国有资产流失，损公肥私。

（3）扰乱了正常的市场经济秩序，破坏营商环境。

（4）助推乱罚款、乱收费等违规行为，损害人民群众的利益。

（5）在客观事实上加剧了社会分配不公的现象。

（6）降低会计信息的质量，导致会计信息失真。

（二）对设立"小金库"等违法违纪行为的处罚规定

针对"小金库"问题，中共中央纪律检查委员会专门印发了《设立"小金库"和使用"小金库"款项违纪行为适用〈中国共产党纪律处分条例〉若干问题的解释》（中纪发〔2009〕20号），对设立"小金库"和使用"小金库"款项违纪行为的处理依据作了明确规定，对涉及"小金库"行为的有关责任人员，可依照《中国共产党纪律处分条例》有关条款的规定追究责任。

由中华人民共和国原监察部、财政部、审计署等多部门联合通过的《设立"小金库"和使用"小金库"款项违法违纪行为政纪处分暂行规定》从2010年2月15日起施行，对有设立"小金库"或者使用"小金库"款项的行为，有本规定之外的其他违法违纪行为需要合并处理的有关责任人员，分别明确了各项处分。包括记过或者记大过处分；情节较重的，给予降级或者

撤职处分；情节严重的，给予开除处分。

需要特别提醒的是，上述对设立"小金库"行为的处分基本上还是属于党纪政纪层面的。但是随着"小金库"涉案金额越大，运作时间越长，伴随的违法违纪行为必然越危险，极易与贪污受贿、挪用公款、非法侵占、职务犯罪等行为产生千丝万缕的联系，最终质变为犯罪行为而受到法律的严惩。一些发生在科研领域的经济大案，其实最初都是从"小金库"起步的，最终却酿成了惊天大案，惨痛教训让人痛惜不已。因此，对"小金库"要防微杜渐，切莫因其"小"而等闲视之。

第四节　警示教育——科研经费领域典型案例及点评

一、中国工程院原院士李某等人贪污科研经费案

（一）案情回顾

李某，男，中国工程院原院士、动物分子遗传育种学专家，某农业大学教授，博士生导师，国家杰出青年科学基金获得者，曾担任某农业大学农业生物技术国家重点实验室主任。

2020年1月3日，松原市中级人民法院一审判决认定，自2008年7月至2012年2月期间，被告人李某利用担任某农业大学教授、国家重点实验室主任、某农业大学生物学院科研课题组负责人以及负责管理多项国家科技重大专项课题经费的职务便利，伙同被告人张某通过侵吞、虚开发票、虚列劳务支出等手段，贪污课题科研经费共计人民币3 410万余元，其中贪污课题组其他成员名下的课题经费人民币2 092万余元。上述款项均被李某、张某转入李某个人控制账户并用于投资李某等参股、控股的多家公司。李某于2014年被捕，此案经过5年2次开庭后一审宣判。一审法院判决如下：被告人李某犯贪污罪，判处有期徒刑十二年，并处罚金人民币三百万元；被告人张某犯贪污罪，判处有期徒刑五年八个月，并处罚金人民币二十万元；扣押的赃款依法予以没收，上缴国库，不足部分继续追缴。一审宣判后，李某提出上诉。

2020年12月8日，吉林省高级人民法院对中国工程院原院士、某农业大学教授李某及同案张某贪污上诉一案进行二审公开开庭审理并当庭宣判。

二审维持松原市中级人民法院（2015）松刑初字第 15 号刑事判决第一项中对被告人李某犯贪污罪的定罪部分和第二、第三判项；撤销该判决中对李某的量刑部分，对上诉人李某以贪污罪改判有期徒刑十年，并处罚金人民币二百五十万元。

另据澎湃新闻报道，2021 年 1 月 11 日，中国工程院官网对外公布消息称，根据 2020 年 12 月吉林省高级人民法院对李某贪污罪的判决意见和中国工程院相关规定，经中国工程院主席团审查确认，决定自 2020 年 12 月 8 日起撤销李某（农业学部）中国工程院院士称号。至此，历时 5 年多的李某案尘埃落定。

（二）编者点评

作为我国动物生物学方面的著名科学家，2007 年李某当选为中国工程院院士，时年仅 45 岁，是当时全国最年轻的"两院"院士，李某的犯罪经历及结局让人十分痛惜，但法律面前人人平等，任何人犯罪都要接受惩处，谁都没有跨越法律的特权。

李某贪污案实际上是从"小金库"起步的。案情资料显示，2008 年至 2012 年间，李某、张某使用科研经费购进开展研究需要的猪、牛等实验动物，并将实验中淘汰的牲畜悄悄卖出，其助手张某问他这笔钱怎么处理，他就让张某把钱交给公司的报账员欧某和谢某单独保管，不要上报。这笔款实际上是实验材料的变卖收入，理应主动上交单位财务部门入账，再回到其个人名下科研项目经费去冲减购买实验动物的支出款。然而，通过公款私存，国有资产就这样轻而易举地进入"小金库"被据为己有。

根据法庭审理查明的事实，李某等人的贪污款项包括三部分：一是实验后的淘汰动物及牛奶售出款，二是其本人名下和他人名下的课题经费结余款，三是其本人和他人名下课题的劳务费结余款。万变不离其宗，上述操作主要是通过公款私存、虚假发票和虚列劳务费等手法，套取科研经费，损公肥私。

正如上节"'小金库'知识要点"最后一段所说的，"随着'小金库'涉案金额越来越大，运作时间越来越长，伴随的违法违纪行为必然越危险，极易与贪污受贿、挪用公款、职务犯罪等行为产生千丝万缕的联系，最终质变为犯罪行为而受到法律的严惩"。人的贪欲一旦决堤，必然一泻千里，最后坠入万劫不复的深渊。

在同类案件中，本案无论是当事人的身份地位，还是涉案金额，以及审结时间，在整个科技研究领域都引起了广泛的关注，产生了巨大影响，在新中国的历史上堪称科研经费"第一案"。李某所实施的科研经费贪腐行为对整个科技领域、教育领域都敲响了警钟。而本案的审理与认定，对科技领域、教育领域腐败案件的侦办，以及科研活动中合理合法使用科研经费等都具有重要指导意义。

二、浙江省某大学原教授陈某某贪污科研经费案

（一）案情回顾

陈某某，男，教授、博士研究生导师，曾任浙江省某大学水环境研究院院长、环境保护研究所所长，中国人民政治协商会议第九、第十届全国委员会委员。1996—2002 年，德国柏林工业大学、日本东京农工大学、美国哈佛大学高级访问学者。

2012 年 7 月 12 日，陈某某因涉嫌贪污被依法逮捕。2013 年 3 月 19 日，杭州市中级人民法院开庭审理了陈某某涉嫌贪污案，陈某某被指控将 1 022.66 万元专项科研经费套取或者变现非法占为己有。2014 年 1 月 7 日，杭州市中级人民法院对陈某某进行宣判，认定其贪污 945 万余元，以犯贪污罪判处其有期徒刑 10 年，并处没收财产 20 万元。

（二）编者点评

陈某某是我国水科学与环境工程方面的知名专家，在水体污染控制与治理等方面作出了一定的贡献，先后主持完成的课题获国家科学技术进步二等奖（排名第 1）一项、教育部科技进步一等奖（排名第 1）一项、中国科学院自然科学二等奖一项等。如果不是因为贪污入狱葬送前程，理应还可以为国家作出更多更大的贡献，可惜在法律面前没有"如果"。

据报道，陈某某的代理律师戴先生称，本案事发，是上级主管部门例行审计到浙江省某大学时，陈某某自觉经费使用存在问题，曾将违规款项退回，之后被立案侦查。已将自觉违规的款项退回仍然受到立案查处，不排除与其未彻底交代问题，或犯罪情节严重、涉案金额巨大、造成的影响恶劣等因素有关。根据开庭审理时杭州市人民检察院的指控：陈某某授意其博士生陆续以开具虚假发票、编造虚假合同、编制虚假账目等手段，将专项科研经费套取或者变现，非法占为己有。

可以发现，贪污科研经费的犯罪"套路"如出一辙，无非就是虚假报账、关联方交易、虚构交易、转移经费、收取回扣等。这些"套路"，在专业的纪检、审计和财务人员面前，一查即原形毕露。在此，编者再次告诫科

研从业人员对法纪要保持敬畏之心。

三、警钟长鸣

在目前的管理体制下，科研人员支取、使用科研经费，既是自己独立开展科研活动的体现，同时又带有公务活动的性质，最关键的是，科研经费"姓公不姓私"，属于国有资产的范畴，因此科研人员对科研经费的使用必须符合国家有关科研经费的管理规定。在实务操作中，科研经费管理是一项涉及面广、参与主体多、环节复杂的系统管理工程，关涉科技、财务、审计、招标、设备、资产等多个管理环节。因此，如何加强科研经费管理、完善单位内部控制机制、健全财务审计制度、强化警示教育，以完备的制度体系建设，营造科研人员"不能腐、不敢腐、不想腐"的良好社会氛围，保护各类科研人才，对于各级科研经费管理责任主体可谓任重道远。这一工作对于长年在科学家身边工作的科研财务助理，则是责无旁贷。

● 本章小结 ●

党的十八大以来，全面从严治党是新时代治国理政的标志性特征之一。本章循序渐进，从引入规范意识入手，到学习"中央八项规定"硬杠杠，再普及"小金库"知识要点，最后以典型案例作警示教育结尾，以期达到"振聋发聩、发人深省、洗涤灵魂"的效果。科研财务助理作为科研经费管理的具体经办人，更应时刻保持清醒的头脑，务必认真贯彻落实中央八项规定精神，防微杜渐预防"小金库"，强化规范意识，守底线、避"红线"，远离"高压线"，成为科学家身边的好助手、称职小管家，尽己所能管好用好属于国有资产的科研经费，保护好国家的科技人才。

第十一章
实战化增值服务

学习指引

经过前十章的学习，我们已经完成了基础知识、综合知识和拓展知识的系统学习，并辅以规范意识与警示教育的宣教，让科研财务助理全面掌握了完成本职工作所必需的知识储备和业务技能。为了进一步提高科研财务助理的工作能力，本章我们将以增值服务的形式，把三个贴近实战化的工作实例，包括：预算编制、举办学术会议实务，以及财务信息系统操作演示，传授给科研财务助理，以"扶上马，送一程"的殷勤服务，帮助科研财务助理更快更好地成长。

第一节 手把手教你编制科研项目预算

在第五章我们已经对科研项目的预算编制知识作了详细的介绍，知道预算编制工作的重要性。本节将通过预算编制全过程的模拟实例，帮助科研财务助理对项目预算编制工作有一个更加直观的感性认识，从而为将来完成项目预算编制工作打下良好的基础。

一、编制项目预算的准备工作

项目预算是科研项目申请书的重要组成部分，与项目研究内容、拟采用的研究方案和技术路线、项目目标直接相关。虽然大部分基础研究项目已经简化对申请书项目预算说明的要求，部分项目经费实行了包干制管理，但为了使科研项目任务与投入的资源相匹配，同时为应对项目结题审计提前做好准备，科研财务助理仍需要编制尽可能详细的项目预算。编制项目预算前，要做好如下准备工作。

第一，向项目负责人及其科研助理、实验人员了解研究内容、研究方案的需求。

第二，及时掌握项目各类需求的种类、数量和价格信息。

（1）实验设备。要及时了解课题组现有设备和单位科研平台公共设备是否满足项目需求，如果必须增添设备，要尽早了解设备的技术要求、采购渠道、数量和报价。

（2）实验材料。要及时了解项目实验所需的实验材料的种类、采购渠道、数量和报价。

（3）测试化验加工。要及时了解需委托外单位完成的测试化验、加工服务的供应商、数量和报价。

（4）项目任务所需的技术资料、申请专利、研究成果发表相关的费用及标准。

（5）项目拟投入的博士后、研究生和临时聘用人员数量和劳务费标准；拟聘请的专家数量和咨询费标准。

（6）课题组人员为完成项目任务外出做实验、学术交流等拟前往的目的地和差旅费标准。

（7）其他经费需求。

第三，初步编制项目预算并及时向项目负责人反馈测算结果，再根据项目负责人反馈意见，进一步修改和完善项目预算。

第四，对于多个单位参与的项目，牵头单位要和参与单位的科研财务助理加强沟通，采用共同的标准编制各单位的项目预算，牵头单位和参与单位的合作协议中应该明确各方的研究任务和经费预算，项目牵头单位要负责审核汇总整个项目的总预算。

第五，按申报通知要求，及时登录相应的科技项目网上申报系统填写、提交包括项目预算的项目申报书。

二、编制项目预算的模拟实例

以国家重点研发计划课题预算编报说明为例，直接费用各科目的编制要求、填写示例和负面清单如表 11 – 1 所示。

表 11－1　国家重点研发计划课题预算编报说明

直接费用	测算依据编制要求	填写示例	负面清单或注意事项
设备费	单台套 10 万元（含）以上的购置/试制设备按购置要求详细说明，其余支出分类说明	1　设备费××万元，其中中央财政资金××万元，其他来源资金××万元。 1.1　购置设备费××万元，其中中央财政资金××万元，其他来源资金××万元。 (1)　购置单台 10 万元以上设备××台，合计××万元。对于其中单价超 50 万元（含）的设备，还需重点说明购买的必要性和数量的合理性等。 购置××（设备名称）××台，用于××用途，开展课题中×研究任务，总计××万元。课题团队单位现有已有×设备，能满足×任务，选定××厂家的××设备。根据××任务需求，开展课题中××研究任务，总计××万元。（分类或分用途说明） (2)　购置单台 10 万元以下设备××台，合计××万元。 购置××（设备名称）××台，用于××用途，开展课题中××研究任务，总计××万元。 其他来源资金××万元，参照中央财政资金说明要求编列。 1.2　试制设备费××万元，其中中央财政资金××万元，其他来源资金××万元。 (1)　试制 10 万元（含）以上仪器设备××台，合计××万元。（分类或分用途说明，每台需提供相应成本清单）	1. 不得列支常规或通用设备的购置，如日常办公电脑等 2. 不得列支承担单位自有仪器设备的租赁费用

（续上表）

直接费用	测算依据编制要求	填写示例	负面清单或注意事项
设备费	单台套10万元（含）以上的购置、试制设备按要求详细说明，其余支出分类说明	试制××装置（仪器），用于××用途，开展课题中××研究任务，××台，总计××万元。装置（仪器）成本包括××等仪器设备费××万元、材料费××万元，测试加工费××万元，燃料动力费××万元等[或按照装置（仪器）的部件组成说明成本构成]。 (2) 试制10万元以下仪器设备××台，合计××万元。（分类或分用途说明）试制××装置（仪器），用于××用途，开展课题中××研究任务，单价××万元，××台，总计××万元。**其他来源资金××万元，参照中央财政资金说明要求编列。** 1.3 设备改造费××万元，**其中中央财政资金××万元，其他来源资金××万元。** 中央财政资金××万元。课题承担单位和参与单位现有××设备，无法满足课题×研究任务的×需要，需更换或升级现有××设备，实现××功能，满足××任务，预计费用××万元。**其他来源资金××万元，参照中央财政资金说明要求编列。** 1.4 设备租赁费××万元，**其中中央财政资金××万元，其他来源资金××万元。** 中央财政资金××万元。租赁××设备××台，用于××用途，开展课题××任务，按照××收费标准（按月或按天或按年或按台套等），租赁××时间，总计经费××万元。**其他来源资金××万元，参照中央财政资金说明要求编列。**	3. 不得列支生产性设备的购置费、基建设施的建造费、实验室的常规维修改造费以及附属于承担单位支撑条件的专用仪器设备购置费 4. 不得列支与项目（课题）目标任务无直接相关性的设备支出

（续上表）

直接费用	测算依据编制要求	填写示例	负面清单或注意事项
材料费、测试化验加工费、燃料动力费、出版/文献/信息传播/知识产权事务费	单品类10万元（含）以上的材料，单次或累计10万元（含）以上的测试项目，单价10万元（含）以上的资料购买、委托开发按要求详细说明；其余支出分类说明	**2 材料费、测试化验加工费、燃料动力费、出版/文献/信息传播/知识产权事务费 ×万元，其中中央财政资金×万元，其他来源资金×万元。** **2.1 材料费×万元，其中中央财政资金×万元。** （1）单品类10万元（含）以上的大宗原辅材料、贵重材料，总计×万元。用于研制×装置或设备/××测试，按照××需求测算，需要××，单价××，总计×万元。 （2）单品类10万元以下材料费，总计×万元。（分类或分用途说明）××材料，用于课题××任务，需要××，总计××，总计×万元。**其他来源资金×万元，参照中央财政资金说明要求编列。** **2.2 测试化验加工费×万元，其中中央财政资金×万元，其他来源资金×万元。** （1）单次或累计费用在10万元（含）以上的××测试/化验/加工，总计×万元。开展××任务需要，依据××测试/化验/加工次，涉及××测试/化验（第三方机构或本单位内部独立核算机构）报价，本课题根据××例。根据××测试/化验/加工或本单位内部独立核算机构×万元，总计×万元。加工项目×万元，每例/项测试/化验/加工，总计×万元。（分类说明） （2）单次或累计费用在10万元以下的项目，总计×万元。（分类说明）××测试/化验/加工，每例/项测试/化验/加工×万元，总计×万元。**其他来源资金×万元，参照中央财政资金说明要求。**	1. 不得列支用于生产经营和基本建设的材料，不得与试制设备费中的材料重复列支 2. 不得以测试化验加工费的名义分包应由承担单位完成的研究任务 3. 不得列支承担单位的日常水、电、气、暖消耗等费用

（续上表）

直接费用	测算依据编制要求	填写示例	负面清单或注意事项
材料费、测试化验加工费、燃料动力费、出版/文献/信息传播/知识产权事务费	单品类10万元（含）以上的材料、单次或累计10万元（含）以上的测试化验加工费，单价10万元（含）以上的资料购买、软件购买、委托开发要求按说明；其余支出分类说明	**2.3 燃料动力费**/立方米每月，单价××万元，总计××万元。课题直接使用的××设备/装置发生的水/电/气/燃料，预计运行××月，××吨/度**中央财政资金××万元。其他来源资金××万元，参照中央财政资金说明要求编列。** **2.4 出版/文献/信息传播/知识产权事务费××万元，其中中央财政资金××万元，其他来源资金××万元。** （1）单价10万元（含）以上出版/文献/信息传播/知识产权事务费用，总计××万元。××软件/资料××套委托××开发单价10万元（含）以上××软件，用于课题××任务/用途，主要技术指标参数内容为××，××渠道开发方报价××万元，总计××万元。 （2）单价10万元以下支出项目，总计××万元。（按出版费、资料费、专利申请费等分类说明） 出版论文××篇，单价××万元，总计××万元。购买××资料，单价××万元，总计××万元。申请专利××项，单价××万元，总计××万元。**其他来源资金××万元，参照中央财政资金说明要求编列。**	4. 不得列支通用性操作系统、办公软件等非专用软件的购置费，日常手机和办公固定电话的通信费，日常办公网络费和电话充值卡费用，非本项目（课题）形成的专利维护费或超出课题实施周期的专利维护费用。 5. 不得列支与项目（课题）目标无直接相关性的材料费、测试化验加工费、燃料动力费、出版/文献/信息传播/知识产权事务费支出

（续上表）

直接费用	测算依据/编制要求	填写示例	负面清单或注意事项
会议差旅/国际合作交流费、劳务/专家咨询费、其他支出	会议差旅/国际合作交流费不超过直接费用预算10%的，无须编制测算依据；超过10%的，分类说明；其余支出分类说明。分类测算说明	3 会议差旅/国际合作交流费、劳务/专家咨询费、其他支出×万元，其中中央财政资金×万元，其他来源资金×万元。 3.1 会议差旅/国际合作与交流费×万元（超过直接费用预算10%的），其中中央财政资金×万元，其他来源资金×万元。 差旅、国际合作交流费分类估算说明： ×万元。 中央财政资金×万元。 课题研讨/咨询/其他会议×次，平均每次会议×天，××人次，按照×元（人·天）预算，会议费总计×万元。 科学考察/业务调研/学术交流/其他×万元，每次××天，每次××人，人均费用×元/次，差旅总计×万元。 结合课题××任务，派××人到××国家开展学术交流/考察调研××次，每次××天，国际合作交流费总计×万元。 其他来源资金×万元，参照中央财政资金说明要求编列。 3.2 劳务/专家咨询费×万元，其中中央财政资金×万元，其他来源资金×万元。（分类估算说明） 中央财政资金×万元。 课题访问学者/课题聘用研究人员/科研辅助人员×名，主要承担××任务，投入××月，根据单位××办法，按每月×万元标准支付，总计×万元。	1. 不得列支事业单位在编人员工资、劳务费。 2. 不得列支企业在职有工资性收入人员的工资、劳务费（项目专门聘用的人员除外）。 3. 不得支付给参与项目（课题）研究及其管理的相关人员、访问学者，以及项目（课题）聘用研究人员的专家咨询费。

（续上表）

直接费用	测算依据编制要求	填写示例	负面清单或注意事项
会议差旅/国际合作交流费、劳务/专家咨询费、其他支出	会议差旅/国际合作交流费超过直接费用10%的，无须编制测算依据；超过10%的，分类说明；其余支出出分类估算说明	课题需××名博士、××名硕士参与，主要负责工作，按照博士××元/月，工作××月/年，小计××万元，总计××万元。整理等工作，按照硕士××元/月，工作××月/年，小计××万元，总计××万元。 课题实施过程中，组织××次会议/中期检查/课题验收/成果推广，共组织××名××职称的专家，会期××天，××元/（人·天），平均每次邀请××名××职称的专家，会期××天，××元/（人·天），总计××万元。**其他来源资金××万元，参照中央财政资金说明要求编列。** **3.3 其他支出（分类说明）** **中央财政资金××万元。**××费用××万元。根据课题××任务需××，单价××，数量××，总计××万元。如：土地租赁费××万元。课题开展××任务，租赁××亩土地，租赁××万元/亩，平均每位受试者补助费××万元；受试者补助费××万元等补助。本课题受试者，总计××万元；财务验收审计费××万元。试者给予交通（误工/营养/医事服务费等补助费××万元，总计××万元。费××万元。**其他来源资金××万元，参照中央财政资金说明要求编列。**	4. 不得列支与财务咨询业务发生的费用 5. 不得列支与项目（课题）目标任务无直接相关性的会议差旅/国际合作交流费、劳务/专家咨询费、其他支出

第二节　举办学术会议的实务与规范

医学是研究生命与健康的科学，是为人类健康服务的专业化活动。医学是一门永无止境的学科，需要始终保持学习与创新的态度，与时俱进。医学的发展离不开政府的财政支持，离不开科学研究的艰辛探索，离不开临床的医疗实践，也离不开学术的争鸣与交流互鉴。

举办学术会议是进行学术交流与互鉴最常见的一种形式，是一种以促进科学发展、学术上的探究交流和课题研究等学术性话题为主题的会议。这是一种交流的、互动的会议，主讲人往往会将自己的研究成果、临床经验等用PPT或学术展板的形式展示出来，从而使互动交流更加直观、更易于理解。学术会议一般具有较高的权威性、前瞻性、知识性和互动性等特点，其参会者以科学家、学者、行业资深专家等具有高学历、高职称背景的专业人士为主。为更好地了解学科发展前沿、拓宽视野、锤炼科研素养，越来越多尚在求学阶段的本科生、研究生已开始积极参加学术活动。

有些担任单位学科带头人或学术组织负责人（例如理事长、专门委员会的主任委员）的课题负责人，无论是依托本单位还是学会（包括行业协会，下同）的学术平台，举办中小规模（参会人员一般小于500人）的学术会议是其常规的工作。尽管举办学术活动未必涉及科研经费，但是考虑到科研财务助理的工作职责，结合当前的社会大环境，编者认为，科研财务助理仍然很有必要全面了解举办学术会议的基本知识和必要的操作规范。而熟练掌握必要的办会流程和技巧，正越来越成为科研财务助理不可或缺的傍身秘技。

一、会议的种类划分

1. 根据会议议题内容划分

通常可以分为管理会议、业务会议和学术会议等。管理会议一般由政府主管部门主办，是对某个行业和领域的法规、政策和制度以及发展规划等重大事务进行宏观管理而举行的会议。业务会议一般是对某个行业的具体工作进行筹划、分析、研判，以及对发展趋势等进行专业上的研讨。学术会议的主题及特点已在前文阐述，此不再赘述。

2. 根据会议参会人员的规模划分

可以分为超大型会议、大型会议、中型会议、小型会议。目前，各种会议规模暂无明确的人数标准，会议规模的划分大多与人们的心理习惯有关，例如千人以上的可以定为中型会议，万人以上的可定为大型或超大型会议。最小规模的学术会议通常叫学术沙龙，属于小范围的研讨会，参会人员甚至不超过 10 人。大型会议一般由单位职能部门牵头，甚至通过聘请专业化的会务公司来协办，科研财务助理可以积极参与办会全过程的财务收支与相关服务工作。

3. 根据办会所需的经费来源划分

可以分为行政经费会议、科研经费会议、学会经费会议等。行政经费就是单位的自有经费，科研经费是外来经费，是用于特定研究项目的专项经费，用这两类经费办会，必须有对应的会议经费预算才能开支。学会的办会经费通常是由学会或各专业委员会根据学术活动的需要自筹获得，实行专项核算的形式；由专委办会的，通常需向学会上缴一定比例或金额的管理费。

4. 会议的其他分类

根据与会人员国籍，可以分为国际会议、国内会议；亦有按照行政区域或地理区域划分的会议，如××省（自治区）×××会议、大湾区×××会议、珠三角×××会议、长三角×××会议、泛珠三角×××会议等。

二、举办学术会议的几个必经阶段

（一）办会计划与审批

"凡事预则立，不预则废。"举办学术会议应有严密周详的计划。主办方应提前向上级主管部门或学会提交办会计划及申请，获得同意办会的批复后方可组织编写办会计划，明确相关办会事项：举办学术会议的时间、地点、会议名称、会议主题、大会主席、参会人员的范围、邀请的主讲嘉宾、征集学术论文等。发布会议通知（通常提前预发 3 轮会议通知）、提前编制或申报会议经费收支预算等。

（二）会议前的筹备工作

举办大型会议的筹备工作，首先应成立筹备会议的工作机构，包括筹备工作的决策机构和执行机构，也可成立专门的组委会，这是开展筹备工作的首要环节。决策机构负责该次会议的重大事项的决策，以及对执行机构在会议筹备过程中提出的疑问进行明确并给予工作指导。执行机构——筹备委员会或工作小组，通常由执行主席牵头，由筹备工作的主要骨干成员组成。中小规模会议的筹备工作量相对较少而简单，有的直接成立筹备工作小组即可，具体设置可视工作需要而定。

按照职责分工，筹备小组可下设秘书处、学术组、接待组、招商组、后勤组、财务组、论文组、宣传组、注册组、礼仪组、交通组、保健组等工作组。各组按照分工具体落实各项筹备工作，每组可设组长，负责统筹组内工作。按照工作惯例，具体分组和分工如下：

秘书处负责组织策划学术会议，遴选会场、住宿酒店、会务公司，编辑发布会议通知、邀请函、会议指南等，协调各工作组分工，设计、制作大会所需物料，组织参会人员，负责继续教育项目学分的申报，定期组织工作例会并整理会议纪要等。秘书处在各筹备小组中起到上传下达、组织协调的重要作用。

学术组负责收集编制学术日程，制定议程、专家简介、报告 PPT 模板，提前收集测试 PPT，确保专家准时到达现场等。

接待组主要负责安排和接待特邀嘉宾从其所在城市到会议举办城市，直至到达会议指定接待酒店的嘉宾参会指引等工作，包括交通安排（如预订机票、高铁票等）、食宿安排、议程提醒、专家劳务费发放等，直到嘉宾离开办会城市为止，即提供嘉宾的全过程服务工作。

招商组负责代表主办方与相关资助方、合作方洽谈经费支持和提供相应服务的工作，其中募集办会经费是招商组最重要的工作任务。

后勤组负责后勤保障工作，包括预订餐饮服务、市内交通保障、安保工作、应急预案等。随着会议设备的专业化和复杂化，以及电信网络技术的发展，在后勤保障组里也可以再细分一个技术保障组，专门提供会议设备、通信网络和录音录像服务等的技术支持。

财务组负责整个学术会议的收支结算工作，包括预付场馆和餐饮等各项开支的定金、支付专家劳务费、跟进资助单位的经费到账、参会人员和单位的注册会议费收费与开具发票、会议结束后相关开支费用的结算和报销工作等。

论文组负责论文征集，评选优秀论文，编辑会议论文汇编，组织壁报交流，组织论文颁奖等工作。

宣传组负责大会的宣传工作，包括制作大会宣传片，预热宣传，撰写新闻通稿并安排刊发，负责摄影、录像，落实媒体采访，负责舆论监控、大会直播等。

注册组负责制订注册方案及流程，参会代表现场报到的统筹安排，发放签到物资，完成现场学分发放工作等。

礼仪组负责迎宾、开幕式、颁奖典礼的礼仪工作。

保健组负责会议的医疗保障工作，组建医疗队，制定急救应急预案，准备常用药品、急救设备等医疗物资，提前与周边医疗机构对接，保障会场急救通道畅通无阻。

筹备工作各小组应在筹备执行机构或组委会的统一指挥下，根据办会的计划与规模，提出对应的工作方案及时间表，有序推进筹备工作。各小组既相对独立，又互相协调，形成一个有执行力的工作团队。

（三）会务工作的正式开展

1. 筹备工作的推进以及筹备工作就绪的演练与检视

由执行主席或秘书长牵头，秘书处定期组织召开例会，各工作组汇报工作进展、存在困难与建议的解决方案。组委会据此检查各组筹备情况，查漏补缺，并提出下一步需推动工作的指导意见。秘书处形成会议纪要，发送至各工作组，并做好督办落实。

学术会议前夕，执行主席或秘书长应强抓落实，做好督查督办工作，强调精益求精、全力冲刺，逐一检视各工作组筹备情况，抓实抓细各项筹备工作，确保各条线的工作高质量高标准地完成，并做好相应的应急预案。

2. 应急预案的推演及应对

为了保障各项应急预案的实施，主办方应与场馆合作方（酒店或会议中心等）的安保部门密切协作，做好消防安全保障，这是重中之重的工作。同时，主办方还应做好充足的物资准备，包括常规药品、车辆、各设施设备的备用件以及备用方案、通信联络工具等，由组长统一调配。会议期间，首先应做好内部应急准备，包括：提前了解会场各个出入口及空间布局，做好人流管控；提前检查设备，现场调试，预足物料，做好设备和物料的准备；责任到人，全程仔细检查，一旦出现突发状况，迅速反应。其次，还应做好外部应急准备，包括：现场医护人员、医疗物资的准备；熟知周边相关环境，包含附近医疗机构等所在位置及交通路线；熟知场馆合作方相关负责人或管理者的联系方式，明确特殊情况下是否可特殊处理等。

举办大中型学术活动，建议安排专人或团队负责风险管理，并制订详细的应急预案，负责人把控全局，相关工作组各司其职，在会前做好相关风险的预估与检查、监督。一旦出现突发事件，相关负责人应及时赶往现场进行处理，将不良影响或危害程度降到最低。

中小型会议可由各工作组根据工作经验及对同类型会议的调研，会前梳理现场可能会发生的突发状况，并提出相应的应急预案，做好相关的软硬件准备，除做好前置的保障措施外，还要准备可迅速调整的备选方案。一旦突发事件发生，及时根据应急预案采取措施。

3. 各会务小组提前进驻会场

按照工作需求，各工作组可分批进驻会场，一般情况下，所有工作组需提前一天进驻到位，并按照筹备清单逐项检查准备工作的完成情况，逐一多次测试，查漏补缺，做到万无一失。

（四）会议经费结算

会议结束后，与本次会议相关的所有收入和支出，均须纳入经费结算，不得非法转移、截留或挪用会议经费。同时，应及时完成各类会议经费开支的结算，办理报账手续，报销时需提交以下办会资料：

（1）办会申请审批表（含会议预算申请表）。

（2）会议通知及会议议程。

（3）参会人员签到表。

（4）会议服务单位提供的费用发票、费用结算清单、合同等原始单据和文书。

财务人员在单位规定的开支范围和开支标准内进行核算报销，对各工作组提供的费用原始明细单据、结算凭证等仔细查验，并与开支标准和预算进行对照，对超标费用不予报销。

各项会议费的支付，应以银行转账或公务卡方式结算，尽可能避免超范围、超金额的现金结算（包括经办人使用自己的借记卡或信用卡垫支）方式。

举办会议应厉行节约，不安排高档套房、高档菜肴，不安排宴请，不上烟酒；不组织会议代表旅游和与会议无关的参观；不组织高消费娱乐、健身活动；不发放纪念品；不额外配发洗漱用品；不开支与本次会议无关的其他费用，这是会议经费结算工作的重点。

（五）会议经费决算

会议经费决算是资金使用以及运行的重要组成部分，能够总体反映会议预算的执行情况，包括会议的总体收支状况、各项费用的组成和支出情况等内容。良好的决算工作不仅可以为日后同类型会议安排预算时提供决策分析的依据，提高办会的总体管理水平，也可以根据决算结果合理增减预算开支。

完成会议经费结算后，财务人员对会议经费进行决算，在确保会议的全部收入、支出已完成核算工作的基础上，对总体收支、各项费用的组成进行分析总结，坚持预算内开支，杜绝不合理的支出，做到收支平衡、略有结余。

综上，在办会过程中，科研财务助理可以深度参与的工作包括：办会前的预算编制、筹备中的财务预付和预收工作、会议中的收费及付款工作、会议后的经费结算和决算工作等。

三、举办学术会议的经费收支规范

规范管理是我国社会主义制度下对各项事务的基本要求，对于办会经费来说，规范管理是第一要务。为了更好区分单位的行政经费和科研经费，越来越多的医科学术活动，都是依托医学会、行业协会这类学术平台开展的。因此，办会经费的收支规范，可以从以下两个方面进行把握。

1. 筹集办会资金的规范

办会经费的收入来源主要有三个渠道：参会人员个人或单位的会议费、注册费收入，会议为相关单位提供服务（展台）或广告宣传推广的收入，资助单位的无偿捐助等。因此，对会务收入的规范包括：会议费、注册费的收费标准应该适中合理，不宜定价过高，以免因超出参会人员或参会单位的承受能力而影响参会人员的数量，从而削弱会议的影响力；会议为相关单位提供展台或产品推广宣传的，主办方应本着"互惠互利、合作共赢"的原则做好服务，但必须守住"诚实守信"的底线，不能弄虚作假，夸大产品的质量或性能等；主办方接受企业无偿捐助的，应做到自愿和不附带任何强迫性条件。学会本身就是非营利性社团组织，举办学术会议属于公益性和非营利性的活动，因此，募集办会资金应坚持"以支定收、收支平衡、略有结余"的原则。

2. 办会经费开支规范

会议费的开支应严格按照本单位或学会的经费开支管理制度执行，同时应大力倡导节俭办会、厉行节约，不得违反中央八项规定精神，不得铺张浪费，以免造成不良影响。大额的开支，如：会议场馆、酒店住宿、餐饮服务、网络信息与音像服务等，甚至打包成整体以"会务服务"形式购买服务的，应严格执行相关采购流程，必要时还需签订合同来明确双方的权利和义务；嘉宾的差旅费、住宿费和劳务费发放等，应该遵照有关标准执行，做到有据可依。

四、举办学术会议应遵守的"三大纪律"

1. 政治纪律

举办学术会议必须严格遵守政治纪律，压实主办方的主体责任，做好意识形态管控，这是铁的纪律，不得有丝毫动摇和含糊。习近平总书记在2020年9月11日举行的科学家座谈会上强调："科学无国界，科学家有祖国。"科学家来自不同的国家，所接受的教育和文化背景不同，信仰不同，从而"三观"也就不同。从严格意义上来说，医科类的学术会议不应夹带任何政治上的观点，无须涉及宗教信仰、政治制度、人权等敏感性话题，同时应做到尊重公序良俗。会务人员可事前提醒主讲嘉宾，并对课件作必要的审查，及早排除风险。主办方还应加强会议现场的管控，安排应急预案和必要的管理人员，确保会议秩序按照会议的议程顺利进行。

2. 廉洁纪律

医科类学术会议主办方和参会人员大多数来自医疗行业或国家卫生健康系统、医保部门及疾控部门、医科高校等，医疗机构的医护人员往往是其主体。这部分参会人员容易成为相关医疗设备、药品和医疗耗材的供应商所关注与公关的重点人群，因此，主办方和参会人员应严格自律，严格遵守《医疗机构工作人员廉洁从业九项准则》等国家法律法规与行业准则，不得利用举办学术会议之机，进行带金销售、虚假讲课收取课酬、接受贵重礼品和纪念品等违法违规的行为。

3. 生活纪律

医务人员是国家的专业人才，与人民群众的健康息息相关，也是在社会上广受尊重的人群，因此，医务人员应在社会上模范地遵纪守法，遵守中央八项规定，尊重公序良俗，在办会和参会的过程中恪守生活纪律，杜绝铺张浪费、大吃大喝、公款旅游、滥发劳务费和纪念品等不良行为，以免影响医务人员以及整个医疗行业的形象。

五、举办学术会议应落实的"八项注意"

（1）主办方应注意保持学术活动的初心和纯洁性，不涉及敏感话题，亦不超越正常的商务活动范围。

（2）主办方应注意安全和安保工作，确保与会人员的安全。

（3）主办方应注意制订完备的应急预案，从严处着眼，从细节落实，有效防控和应对各类突发事件。

（4）主办方应注意保证学术会议的高质量，保证全过程的顺畅和后勤保障工作到位，让参会人员有良好的参会体验，打造学术品牌。

（5）主办方应注意规范管理会议经费，坚持"取之有道，花之有据，诚实守信，用款规范，厉行节约"的方针。

（6）主办方应注意做好特邀嘉宾的接待工作，机票、车船和高铁等交通费票据应及时交给主办方人员，避免票据遗失而造成报账的困难。

（7）主办方应注意及时和准确发放专家的劳务费，让专家的劳动付出能够有良好的获得感。

（8）主办方应注意财务报账工作的及时性和真实性，前端的结算工作务必抓紧，以免影响整个会议经费的决算工作。

第三节　财务信息系统操作演示

科研财务助理与项目组的财务工作息息相关，项目预算、资金上账、报账、汇款、整理科研经费数据等，都离不开其对财务信息系统的操作。因此，科研财务助理正确操作财务信息系统，熟练掌握财务数据的下载和加工整理技巧，对于提高工作效率能起到事半功倍的作用。

由于第四章第五节已对"科研经费管理相关财务工作的流程指引"进行了详细阐述，本节着重以上海鼎医信息技术有限公司的医院资源运营管理软件（DHRP V2.0）为实例，对其操作界面进行讲解，涉及科研财务助理工作五项业务的办理流程。

一、项目立项开卡

1. 办事流程

整体办理流程如图 11 - 1 所示。

| 1.科研财务助理提供汇款信息到财务处查询资金到账信息 | ⇒ | 2.携"资金到账单"、项目预算书、合同等至**科研管理部门**办理立项开卡手续 | ⇒ | 3.携**"项目立项开卡申请"**到财务处等待财务负责人签批后，办理立项开卡手续 |

图 11 - 1　项目立项开卡办理流程

2. 系统操作流程

确认资金到账后，进入流程第 2 步，此时经办人需登录鼎医系统，按照规定格式要求填写经费项目开卡申请表。

（1）经办人登录鼎医系统，选择左侧"项目管理—项目立项/查询"（图 11 - 2），在弹出的右侧界面上点击"创建"。

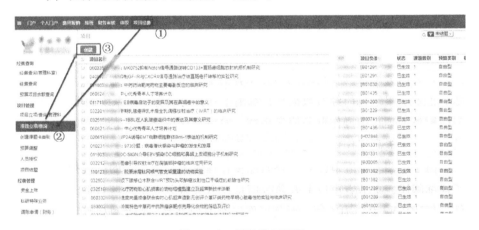

图 11 - 2　项目管理页面

（2）在系统自动弹出的项目立项信息填列界面（图 11 - 3），按照要求填写内容，包括人员信息维护、子课题、预算编制填列、附件中上传项目预算书及合同，其中灰色的单元格内容为必填项。

图11-3 项目立项信息填列页面

二、经费上账

1. 办事流程

整体办理流程如图11-4所示。

图11-4 经费上账办理流程

2. 系统操作流程

确认资金到账后，经办人登录鼎医系统，按照规定格式要求填写资金上账单，并打印纸质上账单。

（1）经办人登录鼎医系统，选择左侧"项目管理—资金上账"（图11-5），在弹出的右侧界面上点击"创建"。

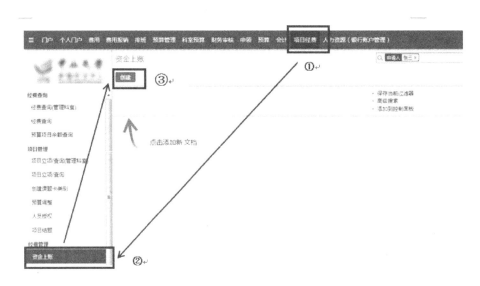

图 11 - 5　资金上账页面

（2）在系统自动弹出的资金上账信息填列界面（图 11 - 6）按照要求填写内容，灰色单元格为必填项。

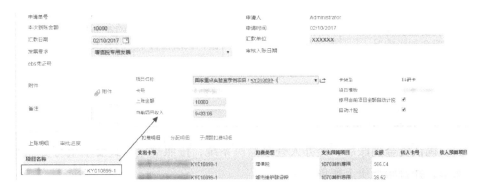

图 11 - 6　资金上账信息填列页面

该系统具有资金上账自动计税功能，操作如下：进入"上账明细"页签，填写上账金额，若扣税金额由各经费卡支付，则勾选"使用当前项目金额自动计税"，系统根据各经费卡上账金额自动生成计税信息；若本次到账所有卡的扣税金额都由某一张指定经费卡支付，则只勾选"自动计税"，系统根据上账总金额自动计算生成计税信息。

三、项目预算调整

1. 办事流程

整体办理流程如图 11 – 7 所示。

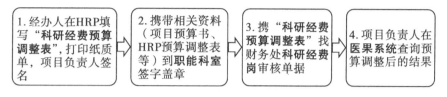

| 1. 经办人在HRP填写"科研经费预算调整表",打印纸质单,项目负责人签名 | → | 2. 携带相关资料(项目预算书、HRP预算调整表等)到**职能科室**签字盖章 | → | 3. 携"**科研经费预算调整表**"找财务处科研经费**岗**审核单据 | → | 4. 项目负责人在**医果系统**查询预算调整后的结果 |

图 11 – 7　项目预算调整办事流程

2. 系统操作流程

经办人登录鼎医系统,按照规定格式要求填写科研经费预算调整表,并打印纸质单据。

(1)经办人登录鼎医系统,选择左侧"项目管理—预算调整"(图11 – 8),在弹出的右侧界面上点击"创建"。

图 11 – 8　预算调整页面

(2)在系统自动弹出的预算调整信息填列界面(图 11 – 9、图 11 – 10)按照要求填写内容,其中灰色单元格为必填项。

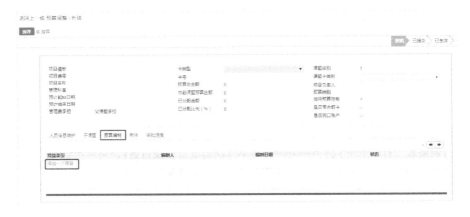

图 11 - 9　预算调整信息填列页面 1

图 11 - 10　预算调整信息填列页面 2

预算调整是在原有预算的前提下新建一个预算以代替原来的预算，自由型经费卡（即包干制项目）调整填写"预算金额"，规律型经费卡（即各预算项目金额按照经费总额一定比例设置）调整填写"预算比例"。点击"添加一个项目"，在"预算项目"下选择不同的预算项目，编辑完毕后点击保存。

四、经费财务调账

1. 办事流程

整体办理流程如图 11 – 11 所示。

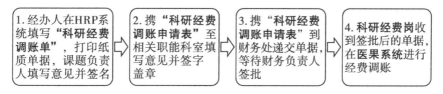

图 11 – 11　财务调账办理流程

2. 系统操作流程

（1）经办人登录鼎医系统，选择左侧"项目管理—输入经费卡号"（图 11 – 12）。

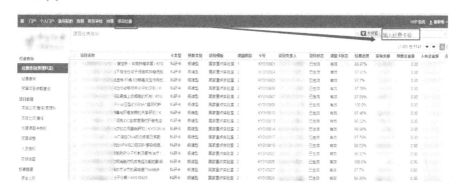

图 11 – 12　课题经费查询页面

（2）点击项目名称，进行项目经费查询，并点击"打印明细表"，记录需要调账的凭证号、摘要、金额、费用项目、日期等（图 11 – 13）。

图 11 - 13　查询并打印明细表页面

（3）在鼎医系统，选择左侧"项目管理—调账申请"（图 11 - 14），在弹出的右侧界面上点击"创建"。

图 11 - 14　调整申请页面

（3）在系统自动弹出的经费调账信息填列界面（图 11 - 15），按照要求填写内容，保存后打印纸质单据，其中灰色的单元格内容为必填项。

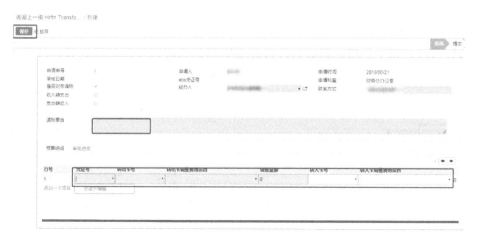

图 11-15 经费调账信息填列页面

五、经费中期检查及结题业务办理

1. 办事流程

整体办理流程如图 11-16 所示。

1.经办人在HRP系统打印"科研经费余额表"纸质单据,课题负责人签名 ⇒ 2.携"科研经费余额表"及需盖章的报告至**科研经费岗**审核 ⇒ 3.科研经费岗审核无误后递交**财务负责人**签字盖章

图 11-16 经费中期检查及结题业务办理流程

2. 系统操作流程

(1)经办人登录鼎医系统,选择左侧"项目管理—输入经费卡号"(图 11-17),点击对应项目名称,进入项目界面。

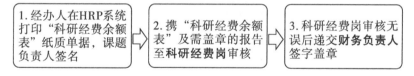

图 11-17 课题经费查询页面

（2）核对其实际余额与冻结总金额＋实际金额的总金额是否一致（图11－18），如不一致，需联系科研经费管理岗处理完毕再办理业务。科研经费结题业务办理时，冻结总金额及借款金额必须为0。

图11－18　核对金额

（3）打印科研余额报表，选择"开始期间"（图11－19），对经费卡相关项目支出情况表进行打印，余额表如图11－20所示。

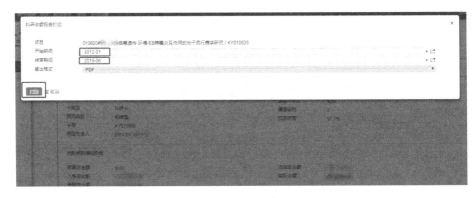

图11－19　科研余额报表打印栏

图 11 – 20 科研余额表示例

本章小结

　　本章以三个贴近实战化的工作实例，详细介绍了实战中项目预算编制的技巧和关键要点，介绍了举办学术会议的实务与规范，并以真实图片演示财务信息系统的操作。科研财务助理通过接触这些工作实例，可以进一步加深对日常财务工作的理解，增强他们做好本职工作的信心。因此，本章的内容对科研财务助理做好本职工作有很高的参考价值。（备注：由于各单位使用的信息系统不同，第三节的财务信息系统的演示，仅供科研财务助理拓宽视野之用，不宜列入培训考核的内容范围。）

附　　录

一　国家相关科研政策与制度目录清单

党中央、国务院文件

1. 中共中央办公厅、国务院办公厅《关于进一步完善中央财政科研项目资金管理等政策的若干意见》（中办发〔2016〕50号）

2. 国务院《关于优化科研管理提升科研绩效若干措施的通知》（国发〔2018〕25号）

3. 国务院办公厅《关于抓好赋予科研机构和人员更大自主权有关文件贯彻落实工作的通知》（国办发〔2018〕127号）

4. 国务院办公厅《关于完善科技成果评价机制的指导意见》（国办发〔2021〕26号）

5. 国务院办公厅《关于改革完善中央财政科研经费管理的若干意见》（国办发〔2021〕32号）

6. 中共中央办公厅、国务院办公厅《关于加强科技伦理治理的意见》（2022年3月20日）

国家自然科学基金

1. 财政部、国家自然科学基金委员会《关于印发〈国家自然科学基金资助项目资金管理办法〉的通知》（财教〔2021〕177号）

2. 《国家自然科学基金委员会关于结题项目结余资金的通知》（国科金

财函〔2021〕20 号）

3.《国家自然科学基金委员会关于国家自然科学基金项目经费管理相关事宜的通知》（国科金财函〔2021〕23 号）

4.《国家自然科学基金项目科研不端行为调查处理办法》（国科金发诚〔2022〕53 号）

国家重点研发计划

1.《科技部　财政部关于印发〈国家重点研发计划管理暂行办法〉的通知》（国科发资〔2017〕152 号）

2.《财政部　科技部关于印发〈国家重点研发计划资金管理办法〉的通知》（财教〔2021〕178 号）

3. 科技部、财政部《关于进一步优化国家重点研发计划项目和资金管理的通知》（国科发资〔2019〕45 号）

4.《科技部办公厅关于印发〈国家重点研发计划项目综合绩效评价工作规范（试行）〉的通知》（国科办资〔2018〕107 号）

5. 科技部资源配置与管理司《关于加强和改进国家重点研发计划项目（课题）结题审计相关工作的通知》（国科资函〔2021〕13 号）

国家科技重大专项

1.《科技部　发改委　财政部关于印发〈国家科技重大专项（民口）管理规定〉的通知》（国科发专〔2017〕145 号）

2.《财政部　科技部　发展改革委关于印发〈国家科技重大专项（民口）资金管理办法〉的通知》（财科教〔2017〕74 号）

3. 财政部、科技部、发展改革委《关于国家科技重大专项（民口）资金管理有关事项的通知》（财教〔2021〕262 号）

4.《科技部　发展改革委　财政部关于印发〈国家科技重大专项（民口）验收管理办法〉的通知》（国科发专〔2018〕37 号）

博士后科学基金

中国博士后科学基金会《关于印发〈中国博士后科学基金资助规定〉的通知》（中博基字〔2020〕7 号）

其他相关

1.《科技部办公厅　财政部办公厅　自然科学基金委办公室关于进一步加强统筹国家科技计划项目立项管理工作的通知》（国科办资〔2022〕107号）

2.《科技部　财政部　发展改革委关于印发〈中央财政科技计划（专项、基金等）绩效评估规范（试行）〉的通知》（国科发监〔2020〕165号）

3.《科技部等七部门关于做好科研助理岗位开发和落实工作的通知》（国科发区〔2022〕185号）

4.《科技部等二十二部门关于印发〈科研失信行为调查处理规则〉的通知》（国科发监〔2022〕221号）

5. 财政部、科技部《关于中央财政科技计划（专项、基金等）经费管理新旧政策衔接有关事项的通知》（财教〔2021〕173号）

6. 财政部《关于〈中央级公益性科研院所基本科研业务费专项资金管理办法〉有关问题的补充通知》（财教〔2021〕203号）

7. 财政部、科技部《关于印发〈国家科技成果转化引导基金管理暂行办法〉的通知》（财教〔2021〕176号）

8. 财政部、教育部《关于印发〈中央高校基本科研业务费管理办法〉的通知》（财教〔2021〕283号）

9. 财政部、科技部《关于印发〈中央引导地方科技发展资金管理办法〉的通知》（财教〔2021〕204号）

10. 财政部《关于印发〈中央财政科研项目专家咨询费管理办法〉的通知》（财科教〔2017〕128号）

11. 财政部、国家机关事务管理局、中共中央直属机关事务管理局《关于印发〈中央和国家机关会议费管理办法〉的通知》（财行〔2016〕214号）

12.《财政部关于印发〈中央和国家机关差旅费管理办法〉的通知》（财行〔2013〕53号）

13. 财政部、中共中央组织部、国家公务员局《关于印发〈中央和国家机关培训费管理办法〉的通知》（财行〔2016〕540号）

14.《科技部等6部门印发〈关于扩大高校和科研院所科研相关自主权的若干意见〉的通知》（国科发政〔2019〕260号）

15.《人力资源社会保障部　财政部　科技部关于事业单位科研人员职

务科技成果转化现金奖励纳入绩效工资管理有关问题的通知》（人社部发〔2021〕14 号）

16. 财政部、税务总局、科技部《关于科技人员取得职务科技成果转化现金奖励有关个人所得税政策的通知》（财税〔2018〕58 号）

17. 财政部、税务总局《关于进一步完善研发费用税前加计扣除政策的公告》（财政部　税务总局公告 2023 年第 7 号）

18. 《财政部　海关总署　税务总局关于"十四五"期间支持科技创新进口税收政策的通知》（财关税〔2021〕23 号）

二　科研财务助理常用科研网站

（以广东广州地区医科类为例）

1. 国家科技管理信息系统公共服务平台（重点研发计划申报）

   http：//service. most. gov. cn/

2. 科技部政务服务平台

   https：//fuwu. most. gov. cn/

3. 人类遗传资源管理信息系统

   https：//apply. hgrg. net

4. 国家自然科学基金

   https：//www. nsfc. gov. cn/

5. 广东省科技业务管理阳光政务平台

   https：//pro. gdstc. gd. gov. cn/egrantweb/

6. 广州科技大脑

   https：//gzsti. gzsi. gov. cn/

7. 广东省卫生厅科技计划管理系统

   http：//kj. gdmde. net/

8. 广东省中医药局项目管理系统

   http：//zyky. gdmde. net/mgr/login. htm

三　科研财务助理常用工作表格及文书范例

附表 1　项目经费预算表

支出科目	项目总预算	本单位预算	合作单位1预算	合作单位2预算	用途说明
1. 直接费用					
（1）设备费					
（2）材料费					
（3）测试化验加工外协费					
（4）燃料动力费					
（5）差旅费/会议费/国际合作与交流费					
（6）出版/文献/信息传播/知识产权事务费					
（7）劳务费					
（8）专家咨询费					
（9）直接费用其他支出					
2. 间接费用					
（1）间接成本					
（2）管理成本					
（3）绩效支出					
合计					

附表 2　预算调整申请表

课题名称		

是否为课题承担单位（请打钩√）：（　）课题承担单位，（　）课题参加单位

项目类别	项目批准号	项目起止时间

课题总经费（万元）	课题负责人	预算调整联系人

课题参加单位经费（万元）	参加单位负责人	参加单位联系人

预算调整内容

（注：预算科目按原批复预算表填写，只需填写需要调整的科目即可。调整内容请按相关项目经费管理办法执行。）

预算科目	原预算（万元）	调整后预算（万元）	增减金额（万元）	备注（注明课题各单位预算调整情况）
示例：材料费	10	15	+5	××单位从××万元调整到××万元，××大学从××万元调整到××万元。
示例：会议费	7	2	−5	××单位从××万元调整到××万元，××大学从××万元调整到××万元。

（续上表）

项目负责人签名： 　　　　　　　　　　　　　　　　年　月　日	
科研管理部门意见： 审批人（签名）：　　　　　　　　　盖章 　　　　　　　　　　　　　　　　年　月　日	
单位领导意见： 审批人（签名）：　　　　　　　　　公章 　　　　　　　　　　　　　　　　年　月　日	

附表 3　项目转出经费关联关系审核表

项目来源		项目负责人：
项目名称		电话：
项目总金额：（万元）		转出金额：　　　（万元）
受托方名称（转出合同的乙方）		法人代表：
廉洁告知书： 不得隐瞒关联关系，违规外拨科研经费，严禁虚假资源匹配和虚假合作，严禁利用科研经费为参与项目的个人及其亲属谋取利益，严禁假借合作名义骗取国家和社会资源。 不得使用科研经费公款吃喝、旅游、高消费娱乐，违规发放津补贴，违规收送礼品。		

（续上表）

项目负责人承诺：本人已认真阅读廉洁告知书，对受托方资质、履行业务能力、业务相关性、经济合理性负责，并保证合作业务的真实性、相关性和交易的公允性。

关联关系申明［如项目中的任何参与人员及工作人员与受托方（即转出合同的乙方）有关联关系的须做出具体说明，关联关系指科研项目的相关人员与校外合作单位存在直接或间接的权益或利害关系，包括但不限于科研项目的项目负责人、联系人、项目组成员、项目执行过程中相关事项的经办人等为受托方的法定代表人、股东、合伙人、雇员或存在直系亲属关系等的相关关联情况；若项目组隐瞒关联关系，其责任由项目负责人和项目组自行承担］：

是否存在关联关系：是□　否□（选"是"的请详细描述关联关系）

项目负责人（亲笔签名）：
　　　　　　　　年　　月　　日

科研管理部门意见：
□该转出经费符合研究需要，预算合理，受托方具有承接的能力且不存在关联关系，同意转出。
□不符合项目研究需要，不同意转出。
□项目组与受托方存在关联关系，不同意转出。
□其他（请列明原因）。
部门领导：
　　　　　　　　　　年　　月　　日

单位分管领导意见：

　　　　　分管领导：
　　　　　　　　　　年　　月　　日

附表 4　科研经费支出审批授权书

项目名称：××××机制研究
经费卡号：
授权原因：□离职；□出国；□产病假；□退休；□其他
项目负责人及工号：张×× ［12345］
被授权人及工号：夏×× ［54321］
授权期限：□　年　月　日　至　　　年　月　日　□不设期限
单笔支出审批额度：□设上限，上限金额_____　　□不设限额
授权人签字：　　　　　　　　被授权人签字： 　年　月　日　　　　　　　　年　月　日
科研管理部门意见： （盖章）　　年　月　日

附表 5　科研项目绩效支出分配表

项目名称			项目编号	
项目类别	□国家重点研发计划 □省科技计划项目 □		合同期限	年　月　日 至 年　月　日
本次发放时段	年度	经费卡号		本次申请发放额 （万元）
项目实施情况：				

（续上表）

	序号	姓名	人员类别	合同任务完成情况和贡献	发放金额（元）
本次发放分配方案	1		项目负责人		
	2		课题骨干		
	3		课题研究人员		
	4		课题技术员		
	5				
	……（可增加）				
	说明：请说明每位申领人的合同任务完成情况和贡献等发放理由。				
项目负责人	签字： 　　年　　月　　日				
管理部门意见	（盖章） 　　年　　月　　日				

四　科研财务助理应知应会的科技和经济相关法律法规目录清单

1.《中华人民共和国科学技术进步法》

2.《中华人民共和国促进科技成果转化法》

3.《中华人民共和国技术合同法》

4.《中华人民共和国科学技术普及法》

5.《国家科学技术奖励条例》

6.《中华人民共和国生物安全法》

7.《中华人民共和国会计法》

8. 《中华人民共和国预算法》

9. 《中华人民共和国政府采购法》

10. 《中华人民共和国民法典》

11. 知识产权保护系列法律法规：

《中华人民共和国专利法》

《中华人民共和国专利法实施细则》

《中华人民共和国著作权法》

《中华人民共和国著作权法实施条例》

《中华人民共和国商标法》

《中华人民共和国商标法实施条例》

12. 《中华人民共和国增值税法》

13. 《中华人民共和国个人所得税法》

14. 《事业单位国有资产管理暂行办法》

主要参考文献

1. 法律、法规、文件

《中华人民共和国民法典》

《政府会计制度－行政事业单位会计科目和报表》

《中华人民共和国个人所得税法》

财政部、国家自然科学基金委员会：《关于印发〈国家自然科学基金资助项目资金管理办法〉的通知》（财教〔2021〕177号）

国务院：《国务院关于改进加强中央财政科研项目和资金管理的若干意见》（国发〔2014〕11号）

国务院办公厅：《国务院办公厅关于改革完善中央财政科研经费管理的若干意见》（国办发〔2021〕32号）

科学技术部资源配置与管理司：《关于973计划、国家重大科学研究计划2017年结题项目财务验收工作安排的通知》（国科资便字〔2017〕186号）

中山大学：《中山大学关于印发〈中山大学科研项目结余经费管理办法〉的通知》（中大财务〔2016〕23号）

2. 期刊论文

刘丽霞. 气象部门电子会计档案管理［J］. 兰台世界，2016（12）：55－57.

陈宏博. 现金流量表分析切合点的现实思考［J］. 天津市财贸管理干部学院学报，2012，14（4）：42－43，58.

中注协发布指引对注册会计师执行中央财政科技计划项目（课题）结题的审计业务作出规范［J］. 中国注册会计师，2019（1）：41.

张春江. 新医改背景下医院科研经费管理举措探析［J］. 中国总会计师，2018（5）：136－138.

杨静. 科技项目专家咨询费管理办法解读［J］. 石油科技论坛，2018，

37（1）：29－32.

陆学文，孙晓丽，张腾，等．国家科研课题结余资金管理回顾及相关问题分析：做好研究所"十三五"科技发展规划的几点思考［J］．农业科技管理，2016，35（5）：5.

付愉涵．重大科技项目结题财务验收审计问题研究［D］．长沙：湖南大学，2016.

李清明．卫生科研课题经费预算的编制［J］．中国卫生经济，2011，30（6）：89－91.

史焱．S高校科研经费管理机制研究［D］．济南：山东大学，2011.

何文莉，杨涛．如何做好国家科技计划项目（课题）概预算的编报［J］．审计与理财，2009（8）：2.

杨兰．论如何提高科研项目申报获准率［J］．重庆邮电学院学报（社会科学版），2003（6）：115－116.

林巧利．"放管服"和内控结合下高校科研耗材采购全流程管理［J］．国际商务财会，2022（6）：67－69.

邰畅．公立医院科研用试剂耗材采购与经费管理的研究［J］．财经界，2021（20）：2.

吴建新．对现代会计基本职能的再认识［J］．会计师期刊，2011（9）：7－8.

杨纪琬．关于"会计管理"概念的再认识［J］．会计研究，1984（6）：7－12.

3. 专著

安治．标准合同：合同的设计、起草与审核［M］．北京：中国人民公安大学出版社，2017.

财政部会计资格评价中心．经济法［M］．北京：经济科学出版社，2021.

李端生．基础会计学［M］．北京：中国财政经济出版社，2014.

4. 电子资源

课题中期报告的撰写要点和注意事项[DB/OL].（2021－7－13）[2021－7－13]. https://wenku. baidu. com/view/0d49ce34b94cf7ec4afe04a1b0717fd5370cb23a. html.